Grundzüge

der

wissenschaftlichen Elektrochemie

auf experimenteller Basis.

Von

Dr. Robert Lüpke,

Oberlehrer am Dorotheenstädtischen Realgymnasium und Docent an der Kaiserlichen Post- und Telegraphenschule zu Berlin.

Mit 46 in den Text gedruckten Figuren.

Berlin.

Verlag von Julius Springer.

1895.

ISBN-13: 978-3-642-90067-9   e-ISBN-13: 978-3-642-91924-4
DOI: 10.1007/978-3-642-91924-4

Vorwort.

Die mit regem Eifer betriebenen Forschungen der physikalischen Chemie haben in den letzten zwei Jahrzehnten zu Resultaten geführt, mittels deren eine grosse Reihe der bisher offnen Fragen der exakten Naturwissenschaften gelöst ist. Unter anderem ist ein tieferer Einblick in das Wesen der Lösungen gewonnen, nachdem die Gültigkeit der AVOGADROschen Regel, die bis dahin nur auf dié Gase Anwendung fand, von VAN 'T HOFF auch für die Körper im gelösten Zustand dargethan worden war. Ganz besonders ist dieses Ergebnis der Elektrochemie zu gute gekommen, wenn es auch auf den ersten Blick mit ihr nicht in Beziehung zu stehen scheint. Man darf heutzutage behaupten, dass die Leitung des galvanischen Stromes in Elektrolyten, wie auch die Entstehung desselben in den VOLTASchen Ketten, über deren Natur man ein Jahrhundert lang im Zweifel war, völlig klargestellt ist.

Die Lehren der Elektrochemie sind in den Fachzeitschriften und den Lehrbüchern der physikalischen Chemie von OSTWALD und von NERNST ausführlich dargelegt. Trotzdem habe ich es unternommen, dieses Büchlein zu schreiben, da ich es für zeitgemäss hielt, in gedrängter Form jene Neuerungen zusammenzustellen und so demjenigen einen kurzen Überblick zu geben, der nicht in der Lage ist, die ausgedehnte Fachlitteratur eingehend zu studieren. Um aber dem Leser,

*

von welchem nur die Kenntnis der Grundbegriffe der Physik und Chemie vorausgesetzt wird, die an sich schwierigen Theorien leichter verständlich zu machen, sind die betreffenden Gesetze direkt durch den Versuch abgeleitet. In ganz wenigen Fällen sind zur weiteren Bestätigung mathematische Erörterungen eingeschaltet.

Die Versuche, deren Darstellung einen wesentlichen Teil dieser Broschüre bildet, sind mit den denkbar einfachsten Mitteln[1]) ausgeführt. Sie lassen sämtlich den Vorgang, um den es sich handelt, deutlich erkennen. Ferner aber sind sie so angeordnet, dass das Endresultat in möglichst kurzer Zeit eintritt. Daher mögen sie namentlich auch für den Unterricht brauchbar erscheinen, sowie endlich für die physikalischen und chemischen Übungen mannigfachen Stoff bieten. Freilich darf man von denjenigen Versuchen, bei denen es auf Messungen ankommt, keine allzu sicheren Ergebnisse erwarten, denn zu exakteren Zahlenresultaten sind feinere Instrumente erforderlich, welche nur in den wissenschaftlichen Laboratorien zur Verfügung stehen, zu Demonstrationszwecken aber in der Regel nicht geeignet sind.

Obgleich der Hauptsache nach die rein wissenschaftliche Seite der Elektrochemie behandelt wird, so ist doch auch die Praxis nicht ganz unberücksichtigt geblieben. An geeigneter Stelle wird auf die technischen elektrochemischen Arbeiten, insbesondere auf das jetzt so wichtige Gebiet der Elektrometallurgie, hingewiesen.

Berlin, den 1. Mai 1895.

Robert Lüpke.

---

[1]) Einen grossen Teil der Apparate kann man selbst anfertigen. Die übrigen sind vom Glasbläser Max Stuhl, Berlin N., Philippstrasse 22, hergestellt und zu mässigen Preisen von demselben zu beziehen.

Inhaltsverzeichnis.

II. Abschnitt.

III. Abschnitt.

Die osmotische Theorie des Stromes der Voltaschen Ketten

Einleitung.

Es sind bereits hundert Jahre verflossen, seitdem die VOLTASche Kette bekannt wurde, jener einfache Apparat, welcher der Ausgangspunkt für alle diejenigen Vorkehrungen geworden ist, in denen man durch Kombination von Leitern erster und zweiter Ordnung den galvanischen Strom erzeugt. So lange aber auch die VOLTASchen Ketten in Gebrauch sind, war man doch über die Theorie derselben noch bis in die jüngste Zeit im unklaren. Denn die bisherigen Theorien, die Kontakttheorie wie die chemische Theorie, sind nicht geeignet gewesen, die Entstehung des galvanischen Stromes in jenen Ketten befriedigend zu erklären.

Erst im Jahre 1889 ist es NERNST (in Göttingen) gelungen, durch seine osmotische Theorie den Mechanismus der Strombildung anschaulich darzustellen.

Die NERNSTsche Theorie baut sich auf breiter, fester Grundlage auf. Sie setzt einige andere, ebenfalls der Neuzeit angehörige Theorien voraus, die den wesentlichsten Inhalt des jüngsten Zweiges der wissenschaftlichen Chemie, der physikalischen Chemie, umfassen. Insbesondere kommt die HELMHOLTZsche Theorie der Stromleitung in Elektrolyten, die ARRHENIUSsche Theorie der elektrolytischen Dissociation und die VAN 'T HOFFsche Theorie der Lösungen in Betracht. Alle diese Theorien haben jetzt allgemein die ihnen gebührende Anerkennung gefunden, nicht allein, weil sie durch die

Empirie genügend gestützt werden, sondern auch, weil sie eine grosse Anzahl bisher rätselhafter Erscheinungen der Physik und Chemie dem Verständnis näher gebracht haben.

Von diesen Theorien soll in den beiden ersten Abschnitten dieses Buches die Rede sein, während im dritten die NERNSTsche Theorie der Strombildung behandelt werden wird.

I. Abschnitt.

Die neuere Theorie der Elektrolyse.

Unter der Elektrolyse versteht man die chemischen Vorgänge, welche eintreten, wenn der elektrische Strom einen Leiter zweiter Ordnung passiert. Letzterer ist stets eine chemische Verbindung im gelösten oder geschmolzenen Zustand und wird Elektrolyt ($\lambda\acute{v}\omega$, lösen) genannt. Die Leiter erster Ordnung in Draht- oder Blechform, welche den elektrischen Strom der elektrolytischen Zelle zuführen oder aus ihr abführen, heissen Elektroden ($\acute{o}\delta\acute{o}\omega$, einleiten), und zwar die eine Anode, die andere Kathode ($\acute{\eta}$ $\acute{a}\nu o\delta o\varsigma$, der Aufgang, $\acute{\eta}$ $\varkappa\acute{a}\vartheta o\delta o\varsigma$ der Weg hinab). Infolge der Potentialdifferenz, welche der elektrolysierende Strom an den Elektroden hervorbringt, bewegen sich von den beiden substantiell verschiedenen Massenteilchen des Elektrolyten die einen an die Anode, die anderen an die Kathode. Diese in den bezeichneten Bahnen wandernden Massenteilchen heissen Ionen (besser Ionten) ($\acute{\iota}\acute{\omega}\nu$, Genitiv $\acute{\iota}\acute{o}\nu\tau o\varsigma$, gehend), Anionen diejenigen, die zur Anode, Kationen diejenigen, die zur Kathode wandern. An den Elektroden aber treten jene chemischen Veränderungen ein. Das Ergebnis derselben kann, wie das 1. Kapitel lehrt, je nach den obwaltenden Umständen, sehr mannigfach sein.

1. Kapitel.

Die Erscheinungen der Elektrolyse.

Es folgen hier eine Anzahl elektrolytischer Versuche, die teils von theoretischem, teils von praktischem Interesse sind, und zu deren Gelingen man gewisse, nicht allgemein bekannte Bedingungen zu beachten hat.

Am einfachsten gestaltet sich das Resultat der Elektrolyse geschmolzener binärer Verbindungen, weil hier die beiden Ionen an den Elektroden direkt abgeschieden werden.

Die von BUNSEN zuerst ausgeführte Elektrolyse des Magnesiumchlorids hat v. GORUP-BESANEZ *(Anorganische Chemie 1871, S. 517)* durch den bekannten Vorlesungsversuch mittels der Thonpfeife demonstriert. Als Elektrolyt ist das in Platingefässen leicht schmelzbare Kalium-Magnesiumchlorid zu verwenden. Man erhält es im geschmolzenen Zustand, wenn man eine koncentrierte Lösung von 20 g krystallisierten Magnesiumchlorids und 7,5 g Kaliumchlorid unter Zusatz von 3 g Ammoniumchlorid in einer Platinschale auf dem Wasserbade zur Trockne verdampft und die Salzmasse sodann über der Gebläseflamme schnell erhitzt. Die erhaltene Schmelze giesse man in den Kopf einer in einem Stativ befestigten, vorher stark angewärmten Pfeife P aus rotem Thon (Fig. 1)

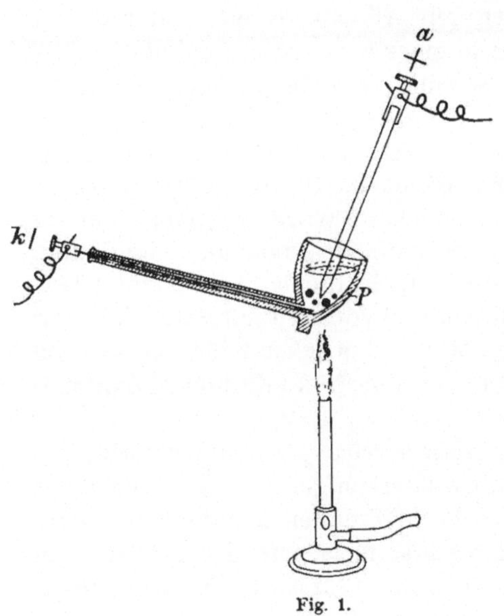

Fig. 1.

und schliesse den Strom von 5 hintereinander geschalteten Akkumulatoren mittels einer als Kathode dienenden, durch den geraden Stiel der Pfeife gesteckten Stricknadel k und eines in den Kopf eingesenkten Kohlestabes a als Anode. Die Masse wird fast ganz durch die Stromwärme in Fluss erhalten, doch ist es besser, dem Pfeifenkopf noch eine kleinere Flamme unterzuschieben. Das Chlor ist in der Nähe der Anode durch einen Streifen angefeuchteten Lackmuspapiers leicht nachweisbar. Aber das Magnesium verbrennt grösstenteils an der Oberfläche der Schmelze, die allmählich ins Schäumen kommt, und nach dem Erkalten zeigt sich das Magnesium in der Masse meistens so fein verteilt, dass der Silberglanz nicht zu beobachten ist. Beiden Übelständen hilft man nun leicht dadurch ab, dass man sogleich nach dem Stromschluss den geschmolzenen Elektrolyten mit einer dicken Schicht feinen Holzkohlenpulvers bedeckt. Hierdurch wird das Schäumen verhindert, und nach kaum 20 Minuten des Stromdurchgangs sieht man beim Zerschlagen der erkalteten Masse eine grössere Zahl glänzender Magnesiumkügelchen, die 1 bis 2, zuweilen sogar 5 mm dick sind. Dieselben lassen sich in einer Reibschale durch Abschlämmen mit Alkohol leicht isolieren und brennen, wenn sie einzeln in einer Kupferdrahtschlinge mittels einer Flamme entzündet werden, mit blendendem Licht 15 bis 30 Sekunden lang.

Auch das Aluminium ist nach derselben Versuchsanordnung in Form glänzender Kügelchen, die durch Eintragen in geschmolzenes Kochsalz zu einem Ganzen vereinigt werden können, darstellbar. Sie zeigen die Reaktion auf Aluminium, wenn man sie in Salzsäure löst, Kaliumhydroxyd im Überschuss zusetzt und das Aluminiumhydroxyd mit Salmiaklösung fällt. Nur macht es einige Mühe, den schon 1854 von BUNSEN benutzten Elektrolyten, nämlich wasserfreies Kalium-Aluminiumchlorid, zu erhalten.

Man bereite zunächst wasserfreies Aluminiumchlorid, indem man getrocknetes Chlorwasserstoffgas über stark erhitztes Aluminium leitet. Einen 4 bis 6 Stunden anhaltenden, regulierbaren Strom von Chlorwasserstoffgas erzeugt man am einfachsten, wenn man in die rohe Salzsäure des Kolbens K (Fig. 2) mittels des Hahntrichters H koncentrierte Schwefelsäure einträpfeln lässt. Das in zwei Waschflaschen F_1 und F_2

mit Schwefelsäure gut getrocknete Gas wird auf den Boden einer tubulierten, $^1/_2$ Liter fassenden Vorlage v geleitet, die mit 5 bis 10 g zerschnittenen Aluminiumblechs gefüllt ist und mit einem grossen Brenner erhitzt wird. Nach einiger Zeit setzt sich in dem weiten Halse h der Vorlage das Aluminiumchlorid als weisses Sublimat ab, und nach 2 bis 3 Stunden hat sich eine dicke Kruste des Salzes gebildet, die mit einem Messer loszubrechen ist. Dieses Aluminiumchlorid ist stark hygroskopisch. Es muss daher sogleich in das

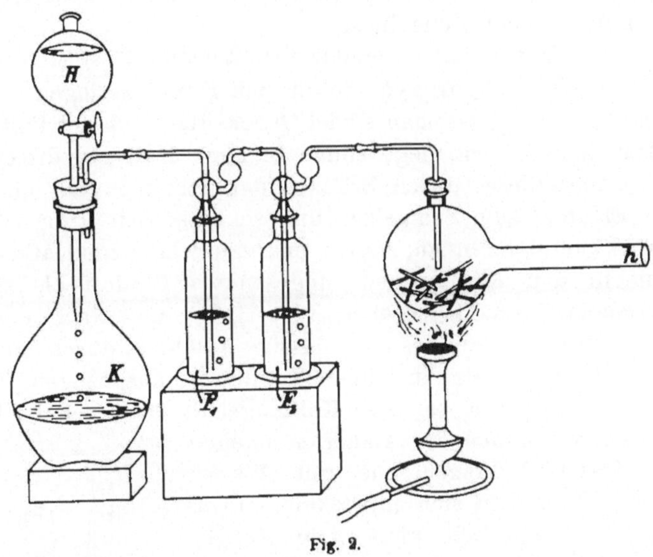

Fig. 2.

Doppelsalz übergeführt werden. Hierzu ist nur erforderlich, in einem Platintiegel 2 Teile Kaliumchlorid zu schmelzen, 1 Teil Aluminiumchlorid portionsweise unter Umrühren in die Schmelze einzutragen und sodann letztere auf einen trockenen Porcellanscherben auszugiessen. Das Doppelsalz lässt sich in gut verschlossener Büchse monatelang aufbewahren.

Der Versuch der Elektrolyse des Kalium-Aluminiumchlorids entspricht im Princip dem technischen Verfahren der Aluminiumgewinnung auf elektrolytischem Wege.

Der Unterschied besteht wesentlich nur darin, dass in der Fabrik als Elektrolyt das gereinigte, in geschmolzenem Kryolith gelöste Aluminiumoxyd der Wirkung des Stromes ausgesetzt wird.

Weit leichter elektrolysierbar ist das geschmolzene Bleichlorid. Dasselbe muss, da es in der Hitze etwas flüchtig ist, unter einem Abzug in einem Porzellantiegel geschmolzen werden, ehe es in den Pfeifenkopf gebracht wird. Schon 10 Minuten nach der Einwirkung eines Stromes von 5 Akkumulatoren hat sich ein genügend grosser Bleiregulus gebildet. Man giesst ihn in eine Thonschale aus und legt die metallische Fläche mittels einer Feile bloss.

Von den Basen im geschmolzenen Zustand lässt sich am besten das Kaliumhydroxyd durch den Strom zerlegen. In eine Platinschale giesst man soviel Quecksilber, bis der Boden derselben bedeckt ist, legt einige Stangen Kaliumhydroxyd darauf, bringt dieses durch Erhitzen der Schale mittels einer kleinen Flamme zum Schmelzen und schliesst den Strom von etwa 5 Akkumulatoren an, indem man die Schale zur Kathode und ein in den Elektrolyten eingesenktes Platinblech zur Anode macht. $2\,KOH$ ergeben $K_2 + H_2O + O$. Nach etwa $^1/_2$ Stunde filtriert man das noch flüssige Amalgam durch einen Trichter, dessen Hals zu einer Kapillaren ausgezogen ist. Beim Erkalten erstarrt es. Der Kaliumgehalt lässt sich leicht nachweisen, wenn man das Amalgam in einer kleinen Gasentbindungsflasche mit Wasser übergiesst. Von dem sich entwickelnden Gas können in kurzer Zeit genügende Mengen aufgefangen werden, um es als Wasserstoff zu erkennen.

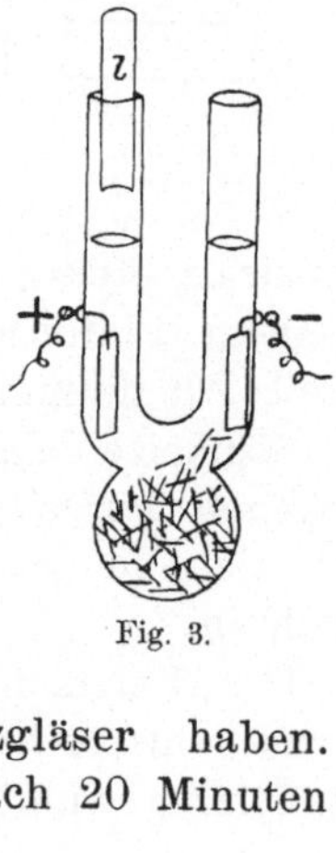

Wie aus dem geschmolzenen Bleichlorid werden auch aus einer koncentrierten wässerigen Lösung von Zinkchlorid die beiden Bestandteile durch den Strom direkt abgeschieden. Der Versuch lässt sich in einem mit einer Kugel und zwei Platinelektroden versehenen U-Rohr (Fig. 3) ausführen, dessen

Fig. 3.

Schenkel die Grösse gewöhnlicher Reagenzgläser haben. Wendet man 10 Akkumulatoren an, so ist nach 20 Minuten die Kugel mit zierlichen, dendritischen Zinkkrystallen erfüllt, während ein in den Anodenschenkel geschobenes Lackmuspapier *l* sehr bald durch das Chlor gebleicht wird.

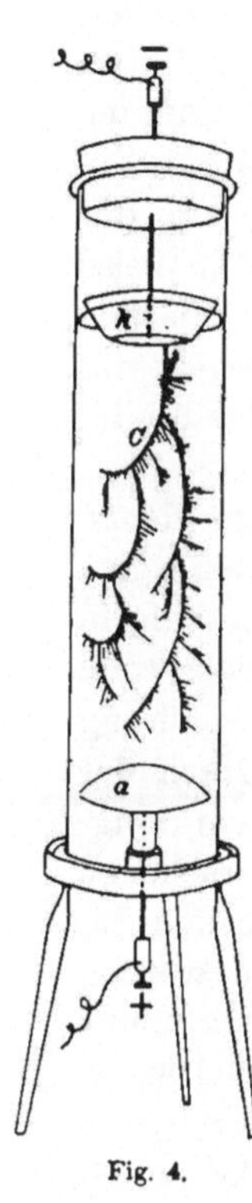

Besteht die Anode aus dem im Salz enthaltenen Metall selbst, so wird letzteres allmählich gelöst, während die Metallionen an der Kathode frei werden. Diese Metallausscheidung gewährt einen prächtigen Anblick, wenn man eine Lösung von Zinnchlorür unter folgenden Bedingungen elektrolysiert. Als Zersetzungsgefäss dient der 1,5 bis 2 Liter fassende, auf einen Dreifuss gestellte Cylinder *C* (Fig. 4), von der Form, wie er als Kühlgefäss bei der MITSCHERLICHSchen Phosphorprobe verwendet wird. Im Bodenloch desselben befindet sich ein Kork, durch welchen der kupferne Zuleitungsdraht der gegossenen, 7 cm breiten Zinnanode *a* befestigt ist. Mittels eines die obere Öffnung des Cylinders schliessenden Deckels ist etwa 20 cm von der Anode entfernt die Kathode *k* angebracht, nämlich eine Kupferschale mit flachem Boden und angelötetem Zuleitungsdraht. Zur Herstellung des Elektrolyten werden 65 g Stanniol unter Erwärmen in Salzsäure gelöst. Nachdem der Säureüberschuss möglichst vollständig abgedampft ist, wird die Lösung auf 1,5 Liter mit Wasser verdünnt. Die Stärke des zuzuführenden Stromes ist so zu regulieren, dass an *k* kein Wasserstoff auftritt. Nach Schluss des Stromes scheidet sich das Zinn in Form metallisch glänzender Streifen aus, welche vom Boden der Schale *k* zusehends in die Flüssigkeit hinabwachsen. Die Figur 4 zeigt, wie sich nach etwa 20 Minuten ein solcher Streifen gestaltet. Rechtwinklig zweigen sich nämlich von dem primären Streifen Äste ab. Sie sind anfangs beiderseits gleich gross. Bald aber herrscht die Zweigbildung auf der einen Seite vor, und während sowohl der Stammstreifen als seine Zweige an Länge zunehmen, treten regelmässig neue Zweige zwischen den schon

Fig. 4.

vorhandenen hervor. Unterdessen wiederholt sich die Verzweigung an den Zweigen erster Ordnung. Einer derselben aber übertrifft an Grösse bedeutend die andern und tritt schliesslich, während sich das Wachstum der sich konvex nach unten krümmenden Stammspitze nach und nach verringert, in die Richtung des Stammes, um das Spiel von neuem zu beginnen. So wächst das Gebilde einer bestimmten Ordnung gemäss weiter abwärts, bis kurz vor der Anode infolge der Schwere seiner Äste der primäre Stamm an der Wurzel zerreisst, und das Ganze herabfällt. In gleicher Weise ergeht es hier und da auch seinen Altersgenossen. Inzwischen aber sind neue Stämme entstanden und füllen bereits mit ihren glänzenden Verästelungen das obere Drittel des Cylinders aus.

Es giebt nicht viele elektrolytische Lösungen, aus denen sich durch die Elektrolyse an den Elektroden die beiden Ionen direkt frei machen lassen. Jene Lösung von Zinkchlorid bietet ein Beispiel. Ferner gehört hierher auch die Salzsäure, deren volumetrische Elektrolyse bekanntlich zur Ableitung der chemischen Grundbegriffe von Wichtigkeit ist. Nach der HOFMANNschen Methode bedient man sich einer mit einem Steigrohr, zwei Hähnen und zwei Kohleelektroden versehenen U-Röhre. Weil aber einerseits das Chlor leicht löslich ist, andererseits an der Anode auch Sauerstoff entbunden werden kann, macht es Schwierigkeiten, genau gleiche Gasvolumina in beiden Schenkeln zu erhalten. Nach vielem Probieren ergab sich ein befriedigendes Resultat, als ein Gemisch von 10 cm³ reiner Salzsäure vom specifischen Gewicht 1,125 mit 150 cm³ einer sehr koncentrierten Chlorcalciumlauge vom specifischen Gewicht 1,36 zwischen Kohleelektroden, die aus reiner Gaskohle geschnitten und mit angelöteten Klemmschrauben versehen waren, im HOFMANNschen Apparat der Elektrolyse unterworfen wurde. Wenn bei geöffneten Hähnen der Strom von 5 Akkumulatoren 50 Minuten durch die Lösung gegangen ist, so ist dieselbe im Anodenschenkel fast völlig mit Chlor gesättigt, und nach dem Schliessen der Hähne ergeben sich nunmehr auf 40 cm³ Wasserstoff genau 40 cm³ Chlor. Nur hat man noch dadurch, dass man mittels eines Hebers oder besser eines am unteren Ende des Steigrohres angebrachten Hahnes nach dem Schliessen der Schenkelhähne die Flüssigkeit aus dem Steigrohr entfernt, für einen negativen Gasdruck zu sorgen. Auf dem letzteren Princip beruht auch der jüngst von L. MEYER (*Ber. d. chem. Ges. 27, 850 [1894]*) beschriebene Apparat. der noch den Vorzug hat, dass in ihm reine Salzsäure elektrolysiert wird.

Die meisten der bisher erwähnten Elektrolyte sind binäre Verbindungen, deren beide Bestandteile sich an den Elektroden durch den elektrischen Strom abscheiden lassen. Eine solche Zweiteilung tritt infolge der Elektrolyse ganz allgemein ein, mögen die Molekeln des Elektrolyten noch so kompliciert zusammengesetzt sein. Immer wird primär der Wasserstoff oder das Metall oder ein dasselbe vertretende Radikal zur Kathode, und der ganze Rest der Molekel zur Anode geführt. Hier gehen aber an den Elektroden häufig noch sekundäre Processe vor sich, sei es zwischen den Ionen und dem Material der Elektroden, sei es zwischen den Ionen und dem Elektrolyten oder dem Wasser, sei es endlich zwischen den Ionen unter sich. Diese Fälle mögen durch folgende Beispiele näher gekennzeichnet werden.

Wird ein mässig starker Strom durch eine in einem vierkantigen Trog befindliche koncentrierte Kupfersulfatlösung zwischen einer Silberkathode und einer Kupferanode geleitet, so wird die Kathode sehr bald mit einer roten Kupferschicht bedeckt, während die Anode an Gewicht abnimmt, da hier jedes SO_4-ion ein Kupferatom löst. Der Erfolg besteht also nur darin, dass der Strom das Kupfer von der Anode nach der Kathode überführt. Ersetzt man nun die Kupferanode durch eine solche von Platin, so wird an derselben Sauerstoff entbunden nach der Gleichung

$$SO_4 + H_2O = H_2SO_4 + O.$$

Diese Elektrolyse eignet sich sogar zur Darstellung des Sauerstoffs, wenn man sich nach LANDOLT des Apparates Fig. 5 bedient. Die Kathode k ist ein spiralig gerolltes Kupferblech. Der an dasselbe genietete Ableitungsstreifen ist mit Compoundmasse isoliert. a ist die Platinanode und r das Gasableitungsrohr.

Fig. 6 stellt einen Apparat dar, welcher zeigen soll, dass

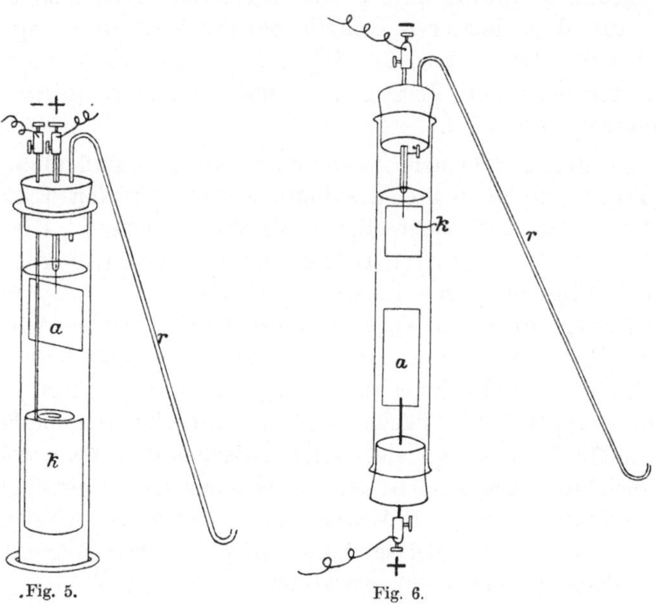

bei der Elektrolyse der verdünnten Schwefelsäure an der Platinkathode k Wasserstoff entbunden wird, und an der Kupferanode a
das SO_4-ion Kupfer in Lösung bringt, obwohl
sich sonst das Kupfer in verdünnter Schwefelsäure bei gewöhnlicher Temperatur nicht löst.
In der That wird infolge der Einwirkung eines
Stromes von 5 Akkumulatoren die Flüssigkeit
in der Umgebung der Elektrode a schon nach
10 Minuten deutlich blau, und aus dem Rohr r
lässt sich reiner Wasserstoff aufsammeln.

So werden alle Säuren und Salze primär
in Wasserstoff bezw. Metall und den Säurerest zerlegt.

Von dieser Regel scheinen auf den ersten
Blick die Sauerstoffsalze der Alkalien eine
Ausnahme zu machen. Elektrolysiert man
eine kalt gesättigte Lösung von Kalium-
sulfat in dem Apparat Fig. 7 zwischen den Platinelektroden k

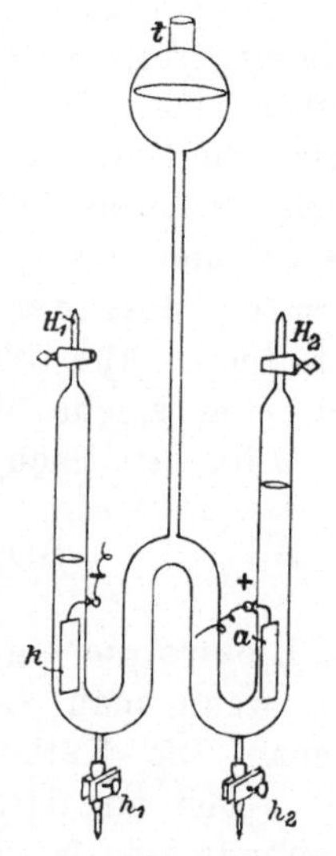

und a mittels eines Stromes von 10 Akkumulatoren, so sammeln sich im Kathodenschenkel 2 Vol. Wasserstoff und im Anodenschenkel 1 Vol. Sauerstoff an, die sich beide nach dem Öffnen der Hähne H_1 und H_2 als solche konstatieren lassen. Gleichzeitig aber hat die Flüssigkeit eine Veränderung erlitten. Man leite nach dem Öffnen der Quetschhähne h_1 und h_2 den Inhalt der beiden Schenkel gesondert ab. Die Flüssigkeit aus dem Kathodenschenkel reagiert basisch, die aus dem Anodenschenkel sauer, wie sich beim Hinzufügen von roter bezw. blauer Lackmuslösung ergiebt. Der Versuch lässt sich insofern abändern, dass man die Kathoden- und Anodenseite des Apparates mit besonderen, gleich koncentrierten Kaliumsulfatlösungen füllt, die bereits mit roter bezw. blauer Lackmuslösung gefärbt sind. Noch einfacher gestaltet sich die Versuchsanordnung, wenn man einen Indikator benutzt, der durch einen deutlichen Farbenwechsel Base und Säure zugleich anzeigt. Man bringe in ein HOFMANNsches U-Rohr (s. Fig. 12) eine Kaliumsulfatlösung (15:1000), die mittels eines wässrigen Cochenilleauszugs intensiv gerötet ist. Ein Strom von 3 Akkumulatoren genügt zur Elektrolyse und bewirkt, dass im Kathodenschenkel die Flüssigkeit violett, im Anodenschenkel schwach gelblich wird.

BERZELIUS nahm an, dass alle Salze als nähere Bestandteile eine Base und eine Säure (im damaligen Sinne) enthielten, und schrieb somit die Formel des Kaliumsulfates $K_2O \cdot SO_3$. Das basische und das saure Oxyd sollten sich auch bei den chemischen Reaktionen der Salze gegen einander austauschen. Die Entwickelung von Wasserstoff und Sauerstoff betrachtete er als eine zweite, besondere Wirkung des Stromes, nämlich der Elektrolyse des Wassers. Die Erscheinung, dass bei der Elektrolyse des Kupfersulfates zwischen Platinelektroden an der Kathode nur Kupfer und kein Wasserstoff auftritt, sollte die Folge einer Reduktion des CuO seitens des dem Wasser entstammenden Wasserstoffs sein. Diese Ansicht passte zwar zu seinem elektrochemischen System, aber die Chloride mussten dann als Ausnahme angesehen werden, da sie bei der Elektrolyse direkt in Chlor und Metall zerfallen. Unerklärt blieb es ferner, wie bei der Einwirkung eines Haloidsalzes auf ein Sauerstoffsalz nur ein Austausch der Metalle stattfindet, während die Sauerstoffsalze unter einander die Basen wechseln sollten.

Diese Widersprüche wurden später durch DANIELL gehoben. Indem er ausser der die Kaliumsulfatlösung enthaltenden Zersetzungszelle noch ein Wasservoltameter in den Stromkreis einschaltete, wies er nach, dass sich in letzterem genau dieselben Mengen Wasserstoff und Sauerstoff entwickeln wie durch die Elektrolyse des Kaliumsulfates. Es hätte daher, falls die Ansicht von BERZELIUS richtig wäre, der Strom in jener Zersetzungszelle eine grössere Arbeit leisten müssen als im Voltameter. Dies widerspricht jedoch dem FARADAYschen Gesetz. DANIELL gab die einwandsfreie Erklärung der Elektrolyse der Salze. Nach derselben zerlegt der Strom zwischen Platinelektroden, wie jedes Salz, auch das Kaliumsulfat in Metall und Säurerest. Beide aber gehen in diesem Fall mit dem Wasser sekundäre Reaktionen ein; an der Kathode nämlich reagiert das Kalium nach der Gleichung:

$$K_2 + 2\,H_2O = 2\,KOH + H_2,$$

an der Anode das SO_4 nach der Gleichung:

$$SO_4 + H_2O = H_2SO_4 + O.$$

Die Gase sind mithin sekundäre Produkte. Dass wirklich das Kalium primär abgeschieden werden kann, geht daraus hervor, dass es mit dem Quecksilber, wenn dieses Kathode ist, ein Amalgam bildet, auf welches sich erst längere Zeit nach dem Stromschluss die Einwirkung des Wassers durch die Entwickelung von Wasserstoffbläschen geltend macht. Nach den Resultaten der Elektrolyse definiert demgemäss DANIELL die Salze einheitlich als Verbindungen eines Metalls mit einem Säurerest. Letzterer ist entweder ein Halogen oder eine Gruppe verschiedener Elemente. Da ferner der Wasserstoff nach seinem Verhalten in der Wärme (Leitfähigkeit) und zu den Metallen (Okklusion) selbst als ein Metall anzusehen ist, und die Hydroxylgruppen der Basen den Säureresten entsprechen, so lassen sich auch die Säuren und Basen als Salze auffassen, und unter diesem Gesichtspunkt sagt HITTORF (*Über die Wanderungen der Ionen, 2. Hälfte, S. 124, Ostwalds Klassiker*) ganz allgemein: Elektrolyte sind Salze; sie zerfallen

bei der Elektrolyse in dieselben Atome oder Atom-
gruppen, welche sie bei chemischen Reaktionen unter
einander austauschen.

Von den organischen Verbindungen verhalten sich mithin
nur diejenigen als Elektrolyte, welche salzartigen Charakter
haben.

Welche Rolle das Wasser bei dem Vorgang der Lösung
eines Elektrolyten spielt, wird im 5. Kapitel näher erörtert
werden. Doch sei hier schon darauf hingewiesen, dass dasselbe
bei der Elektrolyse im allgemeinen nicht primär zerlegt wird, dass
es überhaupt im absolut reinen Zustand ein Nichtelektrolyt
ist. Der oft gebrauchte Ausdruck, die dem Wasser zugesetzte
Schwefelsäure mache im Knallgasvoltameter das Wasser lei-
tend, ist also dahin zu verstehen, dass primär jene Säure in
H_2 und SO_4 zerfällt, und sich das SO_4-ion auf Kosten des
Wassers unter Abspaltung des Sauerstoffatoms des letzteren
zu H_2SO_4 ergänzt. Man dürfte hier somit nur von einer
Elektrolyse der Schwefelsäure reden.

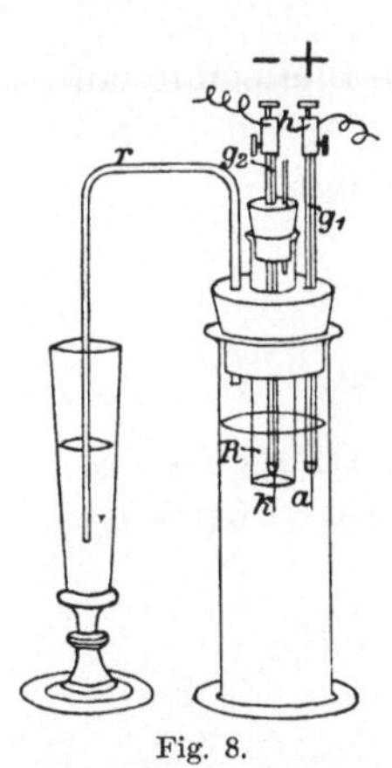

Fig. 8.

Im Anschluss daran möge noch er-
wähnt werden, dass diese Elektrolyse etwas anders verläuft, wenn die Strom-
dichte höher, und die Säure koncentrierter ist. Kommt auf 5 Vol. Wasser 1 Vol.
Schwefelsäure, so ist der Sauerstoff an
der Anode reich an Ozon. Dasselbe entsteht nach den Gleichungen:

$$6\,HHSO_4 = 6\,H + 6\,HSO_4$$

und

$$6\,HSO_4 + 3\,H_2O = 6\,H_2SO_4 + O_3.$$

Grössere Mengen ozonhaltigen Sauerstoffs
können mittels des Apparates Fig. 8 erhalten werden. Der dicht schliessende
Kork auf der Mündung eines kleinen Cylinders trägt das
Gasentbindungsrohr r, das engere Rohr g_1 und das weitere
Rohr R. Letzteres ist mit einem Kork verschlossen, durch
welchen das Rohr g_2 und das kurze, beiderseits offene Röhr-
chen h gesteckt sind. g_1 und g_2 sind Stücke einer Thermo-
meterröhre. An ihren unteren Enden sind mittels Schmelz-

glases die nur wenig herausragenden Platindrähte a und k eingeschmolzen, nachdem ihnen vorher je ein dickerer, das Lumen der Röhre ausfüllender Kupferdraht angelötet ist. Wird nun an den Draht in g_1 der positive, an denjenigen in g_2 der negative Pol einer Batterie von etwa 5 Akkumulatorenzellen befestigt, so entweicht aus h der Wasserstoff, aus r der Sauerstoff, und dessen Ozongehalt kann an der sehr bald eintretenden Bläuung einer in dem vorgelegten Kelchglas befindlichen Jodkaliumstärkekleisterlösung nachgewiesen werden.

Dass die Ionen auch auf den Elektrolyten selbst einwirken können, mag durch folgende Beispiele erläutert werden.

Bei dem bekannten Versuch der Darstellung des Chlorstickstoffs durch Elektrolyse einer Salmiaklösung (HEUMANN, *Anleitung zum Experimentiren, 1893, S. 268*) wirkt das primär an der Anode abgeschiedene Chlor auf nicht zersetzte Salmiakmolekeln nach der Gleichung:

$$NH_4Cl + Cl_6 = NCl_3 + 4HCl.$$

Der bei der Elektrolyse einer alkalischen Bleilösung an der Anode sekundär gebildete Sauerstoff oxydiert die Bleiverbindung zu Bleisuperoxyd nach den Gleichungen:

$$PbN_2O_6 = Pb + N_2O_6,$$
$$N_2O_6 + H_2O = 2HNO_3 + O,$$
$$PbN_2O_6 + O + H_2O = 2HNO_3 + PbO_2.$$

Der Versuch lässt sich leicht ausführen. Die Glasschale S_1 (Fig. 9), in deren Tubus t der kurze Eisendraht f befestigt ist, setze man auf einen Dreifuss, fülle sie mit einer 5procentigen Lösung von Bleinitrat, welcher das gleiche Volumen Normalnatronlauge zugesetzt ist, und senke in dieselbe eine blanke Metallplatte, am besten eine Platinschale S_2, ein. Verbindet man nun k mit dem Kathoden- und a mit dem Anodenpol einer Akkumulatorenzelle, so beobachtet man an S_2 schon

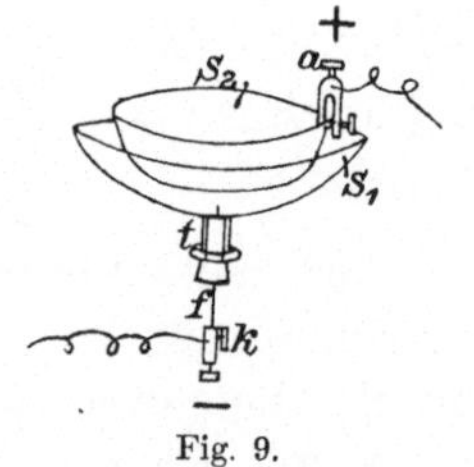

Fig. 9.

nach 15 Sekunden 4 bis 5 in den Regenbogenfarben schillernde Ringe von Bleisuperoxyd. Es beruht hierauf die Metallochromie, die eine Verzierung von Gegenständen aus Kupfer oder Messing, die vorher schwach vergoldet sind, bezweckt. Ähnlich wie eine Bleilösung wirkt eine Lösung von 5 g Mangansulfat und 2,5 g Ammoniumsulfat in 100 g Wasser. Der Versuch dauert kaum eine Minute, und die Mangansuperoxydringe sind zahlreicher als die des Bleisuperoxyds. Ersetzt man das Mangansulfat durch Kobaltsulfat, so tritt die von Kobaltoxyd herrührende Ringbildung erst nach 20 Minuten ein.

Die in der Technik so häufig ausgeführte galvanische Versilberung mittels einer Lösung von Kaliumsilbercyanid $KAgCy_2$ vollzieht sich nach HITTORF (*Über die Wanderungen der Ionen, 2. Hälfte, S. 74, Ostwalds Klassiker*) in der Weise, dass als Kation das Kalium K an die Kathode, als Anion das $AgCy_2$ an die Anode wandert, und jenes K sekundär aus $KAgCy_2$ nach der Gleichung

$$K + KAgCy_2 = 2KCy + Ag$$

an der Kathode Silber ausfällt, während das Anion $AgCy_2$ von der Silberanode ein Atom Silber löst und sich mit jenen $2KCy$ wieder zum komplexen Cyanid ergänzt. Besteht die Anode aus Platin, so wird hier aus dem Anion $AgCy_2$ in der That Cyangas frei, und sie bedeckt sich mit Silbercyanid, welches den Strom bald unterbricht. Auf die sekundäre Fällung des Silbers an der Kathode führt es HITTORF zurück, dass sich das Silber kohärent und gleichförmig abscheidet, ein Umstand, der die wichtige techniche Anwendung jenes Elektrolyten bedingt. Denn das primär aus einer Silbernitratlösung gefällte Silber hat die Gestalt krystallinischer, in die Lösung hinabwachsender Dendriten, die sich leicht von der Elektrode abreiben lassen.

Noch verwickelter sind die sekundären Vorgänge bei der Elektrolyse einer mit Chlorwasserstoffsäure angesäuerten Lösung des Kaliumferrocyanids K_4FeCy_6 von solcher Verdünnung, dass auf 10 cm³ gesättigter Lösung noch 200 cm³ Wasser kommen. Man leite den Strom von 5 Akkumulatoren

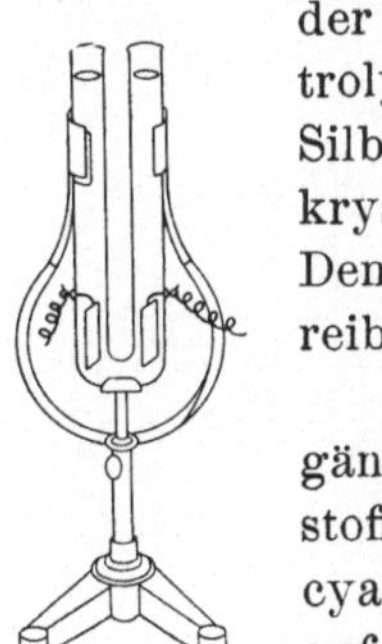

Fig. 10.

zwischen Platinelektroden durch jene in einem **U**-Rohr befindliche Lösung (Fig. 10). Nach etwa 20 Minuten hat sich im Anodenschenkel Berliner Blau $(Fe_2)_2\,(FeCy_6)_3$ gebildet, während die Flüssigkeit im Kathodenschenkel durch die aufsteigenden Wasserstoffbläschen milchig getrübt erscheint. Nach HITTORF *(l. c. S. 72)* geht nämlich K_4 an die Kathode, wo es sich mit dem Wasser nach der Gleichung

$$K_4 + 4\,H_2O = 4\,KOH + H_4$$

umsetzt, und das $FeCy_6$-ion an die Anode. An letzterer würde, wenn der Vorrat von K_4FeCy_6 ausreichte, Kaliumferricyanid K_3FeCy_6 nach der Gleichung

$$3\,K_4FeCy_6 + FeCy_6 = 4\,K_3FeCy_6$$

entstehen. Ist aber die Lösung so verdünnt wie die obige, so erfolgen an der Anode die Processe:

$$FeCy_6 + 2\,H_2O = H_4FeCy_6 + O_2 \ \ \text{und}$$
$$7\,H_4FeCy_6 + O_2 = 24\,HCy + (Fe_2)_2\,(FeCy_6)_3 + 2\,H_2O.$$

Die Elektrolyse einer koncentrierten Lösung von essigsaurem Natrium CH_3COONa bietet ein Beispiel für den Fall, dass an der Anode die Anionen eines Elektrolyten sekundär auf einander wirken können, während an der Kathode die Kationen sekundär auf das Wasser reagieren. Als Zersetzungszelle, wie sie in den früheren HOFMANNschen Vorlesungen benutzt wurde, dient ein ungefähr 1 Liter fassender Cylinder C (Fig. 11).

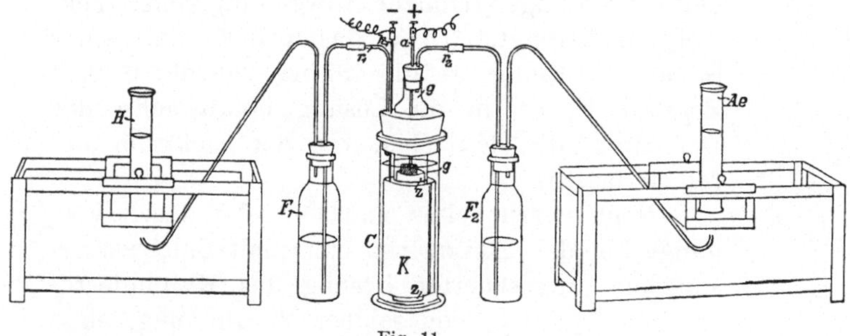

Fig. 11.

In demselben steht die Thonzelle z, über deren oberen Rand das glockenförmige Glasgefäss g (Flasche, deren Boden abgesprengt ist) geschoben ist. Der mit dem angenieteten Zuleitungsstreifen k_1 versehene Kupferblechcylinder K ist die Kathode, das an den Draht a befestigte Platinblech die Anode. Die Gasableitungsröhre r_1 steht mit einer Wasser enthaltenden Waschflasche F_1, und die Röhre r_2 mit einer gleich grossen Waschflasche F_2 in Verbindung. Letztere enthält ein gleiches Volumen Ätzbarytlösung. Die erforderlichen Pfropfen müssen selbstverständlich alle gut schliessen. Der Strom von 5 Akkumulatoren reicht zum Versuch aus. Aus r_1 entweicht Wasserstoff, der sich sekundär nach der Gleichung: $2\,Na +$ $2\,H_2O = 2\,NaOH + H_2$ entwickelt. An der Anode wirken die beiden Anionen $2\,CH_3COO$ so auf einander ein, dass C_2H_6 und $2\,CO_2$ entstehen:

$$2\,CH_3COO = C_2H_6 + 2\,CO_2$$

Diese Gase entweichen aus r_2. CO_2 wird von der Ätzbarytlösung absorbiert, wie der weisse Niederschlag von Baryumkarbonat in der Flasche F_2 beweist. Das Äthan C_2H_6 wird in der vorgelegten pneumatischen Wanne im Cylinder Ae aufgefangen und nimmt nahezu dasselbe Volumen ein als der in der anderen Wanne im Cylinder H gesammelte Wasserstoff. An der Leuchtkraft ihrer Flammen lassen sich beide Gase unterscheiden, deutlicher noch daran, dass das Aethan ruhig, der Wasserstoff dagegen unter schwacher Verpuffung verbrennt. Der Versuch ist auch für die organische Chemie von besonderem Interesse.

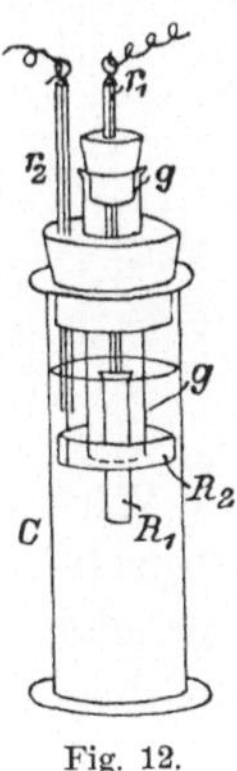

Fig. 12.

Endlich sei noch ein Apparat Fig. 12 beschrieben, der als Polsucher verwendbar ist, und dessen Wirkung ebenfalls auf sekundären Reaktionen beruht. Durch den Pfropfen eines kleinen Standcylinders ist das Glasrohr g gesteckt. In der Röhre r_1 ist ein Zuleitungsdraht angebracht, der mit dem engeren, längeren Platinblechcylinder R_1 in Verbindung steht. Der Leitungsdraht der Röhre r_2 trägt den weiteren, schmaleren Ring R_2 aus Platinblech. Der Cylinder ist mit einer Kochsalzlösung gefüllt, in welcher durch einen gehörigen Alkoholzusatz kleinere Mengen von Phenolphtaleïn gelöst sind. Beim Stromschluss wird die Flüssigkeit an derjenigen Elek-

trode intensiv rot gefärbt, die an den negativen Pol der zu
prüfenden Batterie angeschlossen ist. Denn um diese Elektrode bildet sich freies Alkali, welches mit dem Phenolphtaleïn
das rote Natriumsalz desselben erzeugt. Durch Schütteln
des Cylinders verschwindet die rote Farbe sofort wieder, weil
das an der Anode entstandene Chlor jenes Salz unter Abspaltung des Phenolphtaleïns zersetzt. Auf demselben Princip beruht die Benutzung des bekannten Polreagenzpapieres, welches
durch Imprägnieren von Fliesspapier mit obigem Lösungsgemisch
hergestellt wird und vor dem Gebrauch anzufeuchten ist. Noch
empfindlicher reagiert das Papier, wenn es in Stärkekleister
(2 : 100), welchem Jodkalium (1 Teil) und ein wenig Phenolphtaleïn zugefügt sind, eingetaucht ist.[1]) Während am negativen
Pol wiederum eine Rötung eintritt, färbt sich das Papier unter
dem positiven Pol schwarzblau, weil das freiwerdende Jod
blaue Jodstärke erzeugt. Mittels dieses Papiers ist man auch
imstande, den einen der beiden Pole einer Batterie zu erkennen, wenn der andere, wie es in Telegraphenämtern häufig
vorkommt, zur Erde abgeleitet ist. Man hat nur nötig, das
angefeuchtete Papier auf einen mit der Erde in Verbindung
stehenden Leiter zu legen und dasselbe mit dem fraglichen
Pol zu berühren. Einem grösseren Zuhörerkreise kann man
die Wirkungsweise dieses Reagenzes mittels einer mit Platinelektroden versehenen U-Röhre (Fig. 10) erläutern, in welcher
man auf das obige, zehnfach verdünnte Gemisch den Strom
einwirken lässt.

---

2. Kapitel.

Das Faradaysche Gesetz.

Die bisher aufgeführten Versuche thun dar, dass die Wirkung eines elektrolysierenden Stromes sehr mannigfach sein
kann. Nochmals aber sei betont, dass der Elektrolyt primär
stets in zwei Teile zerfällt, von denen der eine an die Ka-

---

[1]) Das Papier ist an reiner, staubfreier Luft zu trocknen und in ver-
schlossenen Glassgefässen aufzubewahren.

thode wandernde metallischer Natur, und der andere zur Anode gehende der Rest der Verbindung ist.

Es war nun ein glücklicher Gedanke FARADAYs, den nämlichen Strom durch eine Reihe hinter einander geschalteter Zersetzungszellen, welche Elektrolyte verschiedener Art enthielten, zu schicken. So war es möglich, die von der gleichen Strommenge bewirkten Veränderungen quantitativ in Beziehung zu setzen. Die Resultate ergaben das für die Elektricitätslehre von fundamentaler Wichtigkeit gewordene FARADAYsche Gesetz der festen elektrolytischen Aktion (1833). In der ihm von H. v. HELMHOLTZ gegebenen Fassung lautet dasselbe: derselbe Strom macht in den verschiedenen Elektrolyten gleich viel Valenzen frei oder führt sie in andere Kombinationen über.

Um dieses Gesetz für die Kationen abzuleiten, ist folgende Versuchsanordnung zweckmässig. In den Kreis eines von 5 Akkumulatoren gelieferten Stromes schalte man einen Rheostaten, mittels dessen der Strom anfangs abzuschwächen ist, einen HOFMANNschen Wasserzersetzungsapparat und vier prismatische Tröge ein, von denen zwei, nämlich G_1 und G_2, nebst

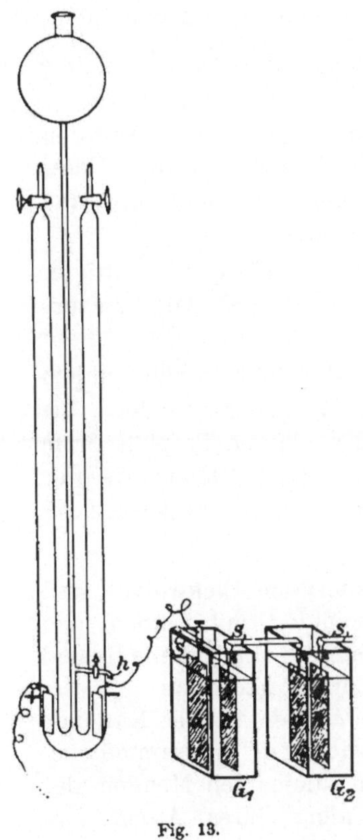

Fig. 13.

dem HOFMANNschen Apparat in der Fig. 13 dargestellt sind. In jeden der Tröge ragen die Elektrodenbleche a und k hinab, deren Zuleitungsdrähte mit den Kupferblechstreifen SS mittels Klemmschrauben befestigt sind. Die Kathoden bestehen sämtlich aus Platin; sie sind vor dem Versuch mit rauchender

Salpetersäure sorgfältig zu reinigen und auf cg genau zu wägen. Als Anodenmetall ist entweder ebenfalls Platin oder das im Elektrolyten enthaltene Metall zu verwenden. Bei der Auswahl der Elektrolyte ist zu berücksichtigen, dass die Metallniederschläge an den Kathoden fest haften müssen und wenigstens während der Dauer des Wägens nicht oxydiert werden dürfen, und dass ferner die Wertigkeit ihrer Atome möglichst verschieden ist. Dementsprechend sind zu empfehlen:

1) eine Kaliumsilbercyanidlösung, erhalten aus 200 g Wasser, 3 g Silbernitrat und 5 g Kaliumcyanid;

2) eine Kupferchlorürlösung, die man durch Auflösen von 3 g des käuflichen, mit Wasser auf dem Filter zu waschenden Salzes in Chlorwasserstoffsäure und Verdünnen auf 200 cm^3 darstellt,

3) eine Kupfersulfatlösung, die aus 100 cm^3 gesättigter Lösung, 100 cm^3 Wasser und 15 cm^3 Salpetersäure besteht,

4) eine Zinntetrachloridlösung, die man erhält, indem man 1 g Stanniol in Chlorwasserstoffsäure löst, die freie Säure nach Hinzufügung einiger Tropfen Brom fast vollständig abdampft und dann 100 cm^3 Wasser und 100 cm^3 gesättigter Ammoniumbioxalatlösung zusetzt.

Nach der etwa 30 Minuten dauernden Elektrolyse sind die Kathodenbleche mit Wasser abzuspülen, mit Alkohol und Äther gut zu trocknen und zu wägen. In Tabelle I sind die Resultate eines Versuchs übersichtlich geordnet.

Die Zahlen für die abgeschiedenen Mengen der Kationen ergeben, wenn sie auf einen Gewichtsteil Wasserstoff bezogen werden, in der That nahezu diejenigen Mengen der Metalle, welche einer einzelnen Valenz ihres Atoms entsprechen, denn in den Lösungen II und III sind die Silber- bezw. Kupferatome einwertig, in IV sind die Kupferatome zweiwertig, und in V die Zinnatome vierwertig. Das FARADAYsche Gesetz wird somit durch jenen Versuch genügend demonstriert. Weiter liesse sich auch zeigen, dass die Quantitäten der abgeschiedenen Kationen der durchgegangenen Strommenge sowie der Dauer der Stromwirkung proportional sind.

Tab. I.

Elektrolyt:	I. Verd. Schwefel- säure 1 : 12	II. $KAgCy_2$	III. $CuCl$	IV. $CuSO_4$	V. $SnCl_4$
Elektrodenmaterial	$Pt - Pt +$	$Pt - Ag +$	$Pt - Cu +$	$Pt - Cu +$	$Pt - Pt +$
Menge der abgeschiedenen Kationen . .	$67\ cm^3\ H =$ 6,002 mg H	650 mg Ag	380 mg Cu	190 mg Cu	170 mg Sn
Auf 1 mg H kommen	1 mg H	108,2 mg Ag	63,6 mg Cu	31,8 mg Cu	28,3 mg Sn
Atomgewichte .	1	107,6	63,3	63,3	117,8
Fehler in Proc.	—	$+ 0,6\,°/_0$	$+ 0,4\,°/_0$	$+ 0,4\,°/_0$	$- 4\,°/_0$

Da nach den genaueren Versuchen von F. und W. KOHL-
RAUSCH 0,3281 mg Cu durch die Strommenge von 1 Coulomb
(Einheit der Strommenge pro Sekunde) aus den Oxydsalzen
frei gemacht werden, so würden aus diesen Salzen 31,65 g Cu
durch 96465 Coulomb niedergeschlagen werden. Diese Strommenge bedeutet daher das elektrochemische Äquivalent,
d. h. diejenige Anzahl Coulomb, welche den auf eine Valenz
bezogenen und in g ausgedrückten Anteil der Atomgewichte
der Metalle bezw. der Gewichte der Anionengruppen in einer
Sekunde abspalten.

Aus dem FARADAYschen Gesetz ergiebt sich, dass bei
der Einwirkung jener bestimmten Strommenge auf einen Elektrolyten die Ionen ganz unabhängig von der chemischen Affinität, durch welche sie im unzersetzten Molekül verbunden
sind, immer in den einer einzelnen Valenz entsprechenden
Quantitäten an die Elektroden wandern, wo sie die betreffenden Wirkungen zur Folge haben. Selbst für sehr schwache
Ströme, durch deren Elektricitätsmenge 1 mg Knallgas erst
nach 150 Jahren abgeschieden sein würde, hat H. v. HELM-
HOLTZ das FARADAYsche Gesetz bestätigt.

In seiner zu London am 5. April 1881 gehaltenen FARADAY-
Rede legte H. v. HELMHOLTZ den Grund zu einer neuen elektrochemischen Theorie, welche die von dem FARADAYschen Gesetz umfassten Thatsachen erklärt.

Das Wesentlichste derselben besteht in der Annahme, dass jeder Valenzwert eines elementaren oder zusammengesetzten Ions mit der nämlichen Elektricitätsmenge positiver oder negativer Art, die gleichsam wie ein elektrisches Atom sich nicht weiter teilen lässt, geladen ist. Nach dem Stromschluss werden daher in einer elektrolytischen Zelle die mit positiven Ladungen behafteten Kationen von der Kathode, die negativ geladenen Anionen von der Anode angezogen. Liegt nun die Möglichkeit vor, dass die Ionen an den Elektroden frei werden, so geschieht dies dadurch, dass sie durch die den Elektroden seitens des Stromes zugeführten Elektricitätsmengen der entgegengesetzten Art neutralisiert werden. Hierdurch geben sie den Ionenzustand auf. Dies ist der Fall bei der Abscheidung der Schwermetalle an der Kathode. Bringt aber das Anion das Material der Anode in Lösung, d. h. führt es in den Ionenzustand über, so wird die der Valenzmenge jenes Anions äquivalente Menge des Anodenmetalles auf Kosten des Stromes positiv geladen. Löst z. B. das SO_4-ion an einer Kupferanode 1 Atom Cu auf, so werden hier zwei positive Ladungsmengen verbraucht, und das Kupferatom wird Kupferion. Wenn somit eine Kupfersulfatlösung zwischen Kupferelektroden elektrolysiert wird, bildet der Strom an der Anode durch Ladung der metallischen Kupferatome neue Kationen, und an die Kathode wird dieselbe positive Elektricitätsmenge abgegeben, wobei die Kationen zu metallischen Atomen entionisiert werden. Reagieren ferner die Ionen auf das Wasser, so werden aus den Molekeln des letzteren auf Kosten des elektrolysierenden Stromes Hydroxyl- und Wasserstoffionen gebildet, und zwar an der Kathode negative OH-ionen und an der Anode positive H-ionen. Demnach werden, wenn das Anion SO_4 an einer Platinanode erscheint, aus einer Wassermolekel zwei Wasserstoffatome positiv geladen, und das Sauerstoffatom der Wassermolekel wird frei; und tritt ein Kalium- oder Natriumion an der Kathode auf, so wird hier je ein Hydroxyl OH negativ geladen und übernimmt die Rolle des zu einem Alkaliion gehörigen Anions, während ein Wasserstoffatom an der Kathode entbunden wird.

So hat es H. v. Helmholtz anschaulich gemacht, worin der Vorgang der Elektricitätsleitung durch einen Leiter zweiter Ordnung, der nach Obigem immer eine chemische Verbindung sein muss, besteht. Gleichzeitig hat er aber auch erklärt, warum die durch gleiche Strommengen hervorgerufenen chemischen Veränderungen immer in äquivalenten Gewichtsverhältnissen erfolgen. Ferner ist es verständlich, wieso isomere Ionen von verschiedener Qualität, z. B. von verschiedener Farbe, sein können, wieso also das Ferroion grün, das Ferriion gelbrot, ferner das MnO_4-ion der Übermangansäure $HMnO_4$ violett, und das MnO_4-ion der Mangansäure H_2MnO_4 grün ist. Die Qualitäten hängen eben von dem Energieinhalt der Ionen ab, und dieser wird wiederum durch die Zahl der Valenzen, also auch durch die Ladungsmengen bedingt. (Näheres s. 5. Kapitel.)

Die einem Wasserstoffion zukommende positive Ladung kann man annähernd berechnen, wenn man bedenkt, dass 1 mg Wasserstoff durch 96,465 Coulomb ausgeschieden wird, und auf Grund gewisser Thatsachen annimmt, dass diese Wasserstoffmenge $1,2 \cdot 10^{21}$ Atome enthält. Ein Wasserstoffion muss demnach mit $96,465 : (1,2 \cdot 10^{21}) = 8 \cdot 10^{-20}$ Coulomb $= 8 \cdot 10^{-21}$ absoluten Einheiten geladen sein, und diese Grösse würde allgemein als die absolute Valenzladung angesehen werden müssen.

Unentschieden bleibt freilich noch, wie man sich den Vorgang der Neutralisation der Ionen an den Elektroden des näheren zu denken hat. Hierüber bestehen zwei Ansichten. Entweder wird das Ion nach Abgabe der ihm gehörigen Ladung wirklich elektricitätslos, oder es wird infolge des an der Elektrode stattfindenden Verbrauchs der doppelten Ladungsmenge mit der entgegengesetzten Ladung versehen, um mit einem noch nicht veränderten Ion zu einer Molekel aus zwei entgegengesetzt geladenen Atomen (z. B. $H + H -$) zusammenzutreten. Die letztere Annahme ist mit der jetzt allgemein anerkannten Einatomigkeit der Metallmolekeln schwer zu vereinigen und führt überhaupt schliesslich dazu, wie schon Berzelius that, elektrische und chemische Energie zu identificieren. Da aber unser Wissen über das Wesen beider Energieformen noch sehr lückenhaft ist, so ist es zu empfehlen, sich der ersteren Hypothese anzuschliessen, die übrigens einfacher ist und bei den obigen Auseinandersetzungen bereits zu Grunde gelegt wurde.

———

3. Kapitel.

Die Überführungszahlen von Hittorf.

Wenn ein nicht zu starker Strom längere Zeit zwischen vertikal stehenden Kupferelektroden durch eine Kupfersulfatlösung geht, so scheint keine weitere Veränderung einzutreten, als dass das Kupfer mit dem positiven Strom von der Anode zur Kathode wandert, die Anode also so viel an Kupfer verliert, als die Kathode zunimmt. Indessen beobachtet man, wofern man die Elektroden nach dem Stromdurchgang mit einem Galvanometer verbindet, einen Polarisationsstrom, welcher der Richtung des Primärstromes entgegengesetzt ist. Dieser Polarisationsstrom kann nun nicht, wie es bei der Elektrolyse der verdünnten Schwefelsäure zwischen Platinelektroden der Fall ist, von Gasen herrühren, da solche bei hinreichend schwachem Primärstrom an jenen Kupferelektroden nicht erscheinen. Es muss daher der Primärstrom in der Kupfersulfatlösung selbst noch gewisse Veränderungen bewirkt haben, die den Polarisationsstrom bedingen. Man erkannte bald, dass dieselben darin bestehen, dass die Koncentration der Lösung an der Anode zunimmt und an der Kathode abnimmt, wobei aber der Gesamtgehalt der Lösung an Kupfersulfat konstant bleibt.

In den Jahren 1853—59 hat HITTORF diese an den Elektroden auftretenden Koncentrationsänderungen bei sehr vielen Elektrolyten studiert. Die betreffenden Abhandlungen *„Über die Wanderungen der Jonen“* sind in *No. 21 und 22 von „Ostwalds Klassikern“* gesammelt. Die Resultate seiner mühevollen Untersuchungen haben erst in der Neuzeit die ihnen gebührende Würdigung erfahren.

Die von HITTORF benutzten Zersetzungszellen sind so konstruiert, dass die Elektrodenflächen horizontal und übereinander liegen, und sich die Lösung nach der Elektrolyse in einzelne, besonders zu analysierende Schichten unter Vermeidung einer Mischung derselben teilen lässt.

Jene Koncentrationsänderungen können bei der Elektrolyse einer Kupfersulfatlösung leicht mittels des Apparates Fig. 14 sichtbar gemacht werden. Ein 30 cm langes und 3 cm weites Glasrohr ist an den beiden Enden mit Pfropfen verschlossen, durch welche die dicken Zuleitungsdrähte a und k, an welche siebartig durchlöcherte Kupferscheiben angenietet sind, befestigt werden. Schliesst man nun die Pole einer aus 5 Akkumulatoren bestehenden Batterie an und schaltet in den Stromkreis noch einen Rheostaten ein, um den Strom so weit zu schwächen, dass sich keine Gase entwickeln, so erscheint nach einigen Minuten die um die Kathode k befindliche Flüssigkeit nur noch schwach blau gefärbt.

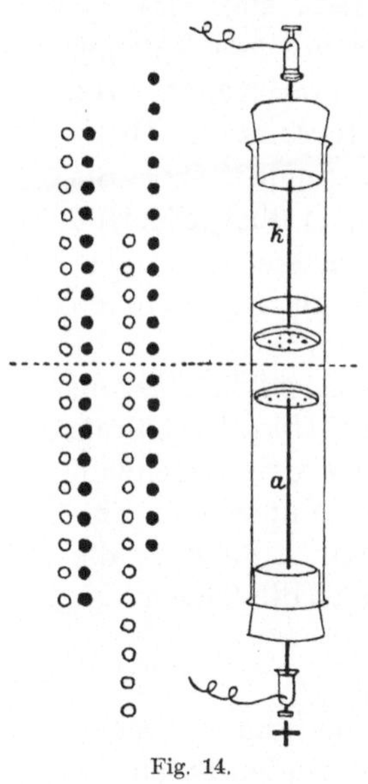

Fig. 14.

In dem beistehenden Schema Fig. 14 sind die Änderungen der Koncentration, wie sie sich aus den Daten der Analyse eines der HITTORFschen Versuche ergeben, dargestellt. Zur deutlicheren Veranschaulichung ist die den Procentzahlen entsprechende Anzahl der Ionen aufgeführt, und zwar sind die Anionen durch die weissen, die Kationen durch die schwarzen Kugeln markiert. Der horizontale Strich scheidet die Kathoden- von der Anodenschicht. Vor der Elektrolyse ist die Lösung gleichmässig, und es mögen in beiden Schichten je 9 Kationen und 9 Anionen vorhanden sein. Nach einer gewissen Zeit der Stromwirkung seien an der Kathode 6 Kupferatome ausgeschieden, und an der Anode ebenso viele Cu-ionen durch die SO_4-ionen gelöst. Während sich aber an der Kathodenseite nur 5 Cu und 5 SO_4 befinden, sieht man an der Anodenseite ausser den 6 ergänzten $CuSO_4$ noch 7 Cu und

$7\,SO_4$. Würde während der Elektrolyse nur eine Wanderung der Anionen erfolgt sein, so hätte man in der Anodenschicht im ganzen $9 + 6 = 15\,CuSO_4$ und in der Kathodenschicht $9 - 6 = 3\,CuSO_4$ finden müssen. Wenn andererseits nur die 6 Cu-ionen von der Anoden- nach der Kathodenschicht zu den hier disponibel gewordenen $6\,SO_4$ gewandert wären, so wären in beiden Schichten wieder je 9 Cu und $9\,SO_4$ vorhanden gewesen, wie vor der Elektrolyse. Thatsächlich aber befinden sich 5 Cu und $5\,SO_4$ an der Kathode und $7 + 6$ Cu und $7 + 6\,SO_4$ an der Anode. Also sind gleichzeitig beide Arten der Ionen, die Cu nach der Kathode und die SO_4 nach der Anode transportiert, und zwar 2 Cu von unten nach oben, und $4\,SO_4$ von oben nach unten. Auf je 6 an der Kathode frei werdende Kupferatome kommen mithin 2 Cu-ionen, die nach oben befördert werden, während die oben noch disponiblen $4\,SO_4$-ionen nach unten gehen, so dass unten im ganzen $6\,SO_4$-ionen auftreten, die hier auf Kosten der Anode mit Cu-ionen versehen werden. Es lässt sich also annehmen, dass von 6 Wegstrecken in der nämlichen Zeit ein Cu-ion um je 2, und ein SO_4-ion um je 4 fortschreitet. Die Quotienten $^2/_6 = 0{,}33$ und $^4/_6 = 0{,}66$ nennt Hittorf die Überführungszahlen für die Kation Cu bezw. Anion SO_4. Sie stellen die auf je ein ausgeschiedenes Kupferatom übergeführten Mengen beider Ionen dar oder sind auch als die von einem Ion zurückgelegte, durch die Summe der Wege beider Ionen dividierte Wegstrecke anzusehen.

Bezeichnet man allgemein mit n die Überführungszahl des Anions, so ist die des Kations $1 - n$. Das Verhältnis $(1 - n) : n$ aber muss offenbar das Verhältnis der Geschwindigkeiten u und v angeben, mit denen sich unter dem Einfluss der an den Elektroden erzeugten Potentialdifferenz die Kationen bezw. Anionen bewegen. Es gilt somit die Gleichung:

$$\frac{1 - n}{n} = \frac{u}{v}.$$

Das Verhältnis u/v hat sich nach den Hittorfschen Versuchen von der an den Elektroden herrschenden Potentialdifferenz und innerhalb gewisser Grenzen der Koncentration der Lösungen auch von dieser unabhängig erwiesen, und der Einfluss der Temperatur zeigte sich unerheblich.

4. Kapitel.

Das Gesetz von Kohlrausch.

In seinen Abhandlungen über die Wanderungen der Ionen hatte Hittorf wiederholt darauf hingewiesen, dass die Bestimmung der specifischen Leitfähigkeit der Elektrolyte d. h. des reciproken Wertes des Widerstandes derselben, weitere Aufschlüsse über das Wesen der Elektrolyse ergeben müsste. Da sich aber beim Durchgang des Stromes durch einen Elektrolyten, falls die Anode vom Anion nicht angegriffen wird, eine elektromotorische Gegenkraft geltend macht, deren Grösse Schwankungen unterworfen ist, so fehlte es lange Zeit an einer brauchbaren Methode zur Widerstandsmessung der Lösungen. Erst 1880 ist eine solche von F. Kohlrausch gefunden worden. Sein Verfahren ist im Princip dasselbe, nach welchem die Widerstände von Drähten mittels der Wheatstoneschen Anordnung bestimmt werden. Doch wird die Wirkung der Polarisation durch Benutzung eines von einem Induktionsapparat gelieferten Wechselstromes eliminiert, und im Brückendraht statt eines Galvanometers ein Telephon als Indikator angewendet. In der Zelle befindet sich die zu prüfende Lösung zwischen platinierten Platinelektroden.

Die Messung ergiebt den gewöhnlich auf Quecksilbereinheiten bezogenen Widerstand der Lösung. Aus diesem wird unter Berücksichtigung der Dimensionen der Zelle der specifische Widerstand s, d. h. die Anzahl der Widerstandseinheiten eines Flüssigkeitsfadens von 1 m Länge und 1 mm^2 Querschnitt verglichen mit einem gleich grossen Quecksilberfaden, und aus s die specifische Leitfähigkeit $L = 1/s$ gefunden.

Da nun ferner im Hinblick auf das Faradaysche Gesetz anzunehmen war, dass ein die Leitfähigkeit der verschiedenen Elektrolyte beherrschendes Gesetz sich nicht ableiten liesse, so lange die Koncentrationen der Lösungen in Procenten bestimmt würden, so bezog Kohlrausch die Werte von L auf äquimolekulare Lösungen. Es ergab sich so die molekulare Leitfähigkeit λ. Ein Beispiel wird diesen Begriff verständlicher machen. Für eine 5 procentige Kaliumchloridlösung sei

bei 0^0 s $= 160256$ Quecksilbereinheiten ermittelt. Dann ist
$L = 62,4 \cdot 10^{-7}$. Da nun 5 g Kaliumchlorid in 100 cm³ Wasser
enthalten sind, so wäre bei gleicher Koncentration 1 g-Molekel
K Cl, nämlich 74,5 g, in 1490 cm³ Wasser gelöst. Aus dem
Werte für L folgt nun, dass die Leitfähigkeit von 1 cm³
jener Lösung $62,4 \cdot 10^{-3}$, und also $\lambda = 62,4 \cdot 1490 \cdot 10^{-3} = 93$
ist. Befänden sich also in der Zelle 1490 cm³ jener Lösung
zwischen zwei Elektroden, die 1490 cm² gross und 1 cm von
einander entfernt sind, so würde sich als Widerstand $^1/_{93}$ Queck-
silbereinheit ergeben. Man schreibt für die molekulare Leitfähigkeit einer Kaliumchloridlösung, die in 1,49 Litern Wasser
1 g-Molekel Salz enthält, $\lambda_{1,49} = 93$. Bedeutet allgemein V
die Anzahl Liter, in welchen 1 g-Molekel des Elektrolyten gelöst ist, so ist

$$\lambda_V = L \cdot V \cdot 10^7.$$

Nach den Untersuchungen von KOHLRAUSCH haben sich
nun für Kaliumchloridlösungen verschiedener Koncentration
ergeben:

Tab. II.

74,5 g K Cl auf:	s	L	λ
0,33 Liter	$0,00399 \cdot 10^7$	$250,000 \cdot 10^{-7}$	82,7
1 „	$0,01088 \cdot 10^7$	$91,900 \cdot 10^{-7}$	91,9
2 „	$0,02087 \cdot 10^7$	$47,900 \cdot 10^{-7}$	95,8
10 „	$0,09360 \cdot 10^7$	$10,500 \cdot 10^{-7}$	104,7
100 „	$0,87184 \cdot 10^7$	$1,150 \cdot 10^{-7}$	114,7
1000 „	$8,38223 \cdot 10^7$	$0,119 \cdot 10^{-7}$	119,8

Aus diesen Zahlen ersieht man, dass die specifische Leitfähigkeit eines Elektrolyten mit Abnahme der Koncentration
abnimmt, aber nicht so schnell als diese, denn z. B. λ_{10}
ist grösser als der zehnte Teil von λ_1. Ergänzt man daher
den 10. Teil eines Flüssigkeitsfadens durch Hinzufügung von
reinem Wasser auf die ganze Länge des Fadens, so wird die
Leitfähigkeit nach der Verdünnung nicht ganz auf ein Zehntel,
sondern etwa nur auf 0,11 des vorherigen Wertes vermindert.

Obwohl also im zweiten Fall nur der 10. Teil der Salzmenge vorhanden ist als zuvor, ist infolge der weiteren Verdünnung jenes Zehntel des Salzes doch derartig verändert worden, dass es den Strom besser leitet, als man erwarten sollte, oder es hat sich, im Sinne der im 5. Kapitel zu erörternden Theorie von ARRHENIUS, die relative Zahl der aktiven Molekeln vermehrt. Dieselbe Erscheinung kommt für die sämtlichen obigen Werte von λ zum Ausdruck. Aus diesen ergiebt sich also der Satz: Die molekulare Leitfähigkeit eines Elektrolyten wächst mit der Verdünnung und erreicht bei einer bestimmten Grenze das Maximum λ_∞. Nach der Valenzregel von OSTWALD kann man diesen Wert aus den exprimentellen Daten berechnen. Für Kaliumchlorid beträgt er 140.

Indem ferner KOHLRAUSCH die Differenzen der bei starken Verdünnungen gefundenen Werte von λ einerseits für zwei Elekrolyte mit einem gemeinsamen Anion und verschiedenen Kationen, andererseits für zwei Elektrolyte mit einem anderen gemeinsamen Anion und denselben verschiedenen Kationen berechnete, fand er diese Werte, wie ein unten folgendes Beispiel ergeben wird, nahezu konstant. Er schloss daraus, dass der Wert λ_∞ eines Elektrolyten sich additiv aus zwei Konstanten zusammensetze, die nichts anderes bedeuten können, als die Wanderungsgeschwindigkeiten u und v der Ionen. Unter dieser Voraussetzung stellte er die Gleichung auf

$$\lambda_\infty = u + v.$$

Die Berechnung der Grössen u und v ist aber nunmehr leicht ausführbar, da $u : v = 1 - n : n$ ist, wo n die HITTORFsche Überführungszahl des Anions bedeutet. Für Kaliumchlorid z. B. ist bei 25^0 $\lambda_\infty = u + v = 140$, $u : v = 0,491 : 0,509$, folglich $u_K = 68,6$ und $v_{Cl} = 71,4$.

In der Tabelle III sind unter I einige Elektrolyte, unter II die HITTORFSCHEN Zahlen $1 - n$, unter III die neuesten, bei 25^0 ermittelten Werte λ_∞ (nach *Ostwalds Lehrbuch der allgemeinen Chemie, Bd. 2, T. I, S. 675)* und unter IV und V die nach obigem Beispiel berechneten Werte von u und v verzeichnet.

Tab. III.

I Elektrolyt	II $1-n$	III λ_∞ bei 25^0	IV u bei 25^0	V v bei 25^0
KCl	0,491	140,0	68,6	71,4
KNO_3	0,503	135,7	68,3	67,4
NaCl	0,380	120,0	45,6	74,4
$NaNO_3$	0,387	113,7	44,0	69,7
$AgClO_3$	0,499	117,2	58,5	58,7
$AgNO_3$	0,477	124,2	59,2	65,0

Diese Zahlen lassen erkennen, dass $\lambda_{KCl} - \lambda_{NaCl} = 140 - 120 = 20$, und $\lambda_{KNO_3} - \lambda_{NaNO_3} = 135,7 - 113,7 = 22$ ist. Die Differenzen stimmen also nahezu überein. Soll nun jene Annahme von KOHLRAUSCH richtig sein, also die Formel $\lambda_\infty = u + v$ allgemeine Gültigkeit haben, so muss das für einen Elektrolyten empirisch ermittelte λ_∞ übereinstimmen mit der Summe der Mittelwerte von u und v, welche aus den empirischen Daten von n und λ_∞ anderer Elektrolyte berechnet sind. Für den Elektrolyten KNO_3 ist $v_{NO_3} = 67,4$, für $AgClO_3$ ist $u_{Ag} = 58,5$, es ist also $u_{Ag} + v_{NO_3} = 129,9$, und in der That ist das gefundene $\lambda_{AgNO_3} = 124,2$ nahezu gleich diesem theoretischen Wert. Jene Formel $\lambda_\infty = u + v$ ist somit der **Ausdruck eines Gesetzes, welches das Gesetz der unabhängigen Wanderungsgeschwindigkeiten der Ionen** genannt wird. .

Sehr gut fügen sich dem KOHLRAUSCHschen Gesetz schon bei mittleren Koncentrationen die aus zwei einwertigen Ionen bestehenden Neutralsalze, sowie einige starke einsäurige Basen und einbasische Säuren. Für die Elektrolyte mit mehrwertigen Ionen erwies sich die experimentell gefundene molekulare Leitfähigkeit selbst bei starken Verdünnungen kleiner, als jenem Gesetz entspricht, und OSTWALD stellte daher die allgemeinere Formel

$$\lambda = \alpha (u + v)$$

auf, in welcher α den Wert eines echten Bruches hat. Immerhin zeigte sich an dem (freilich sehr dürftigen) Beobachtungsmaterial, dass diese Abweichungen um so geringer werden, je verdünnter die bei der Messung verwendeten Lösungen sind, und dass sich α bei unendlich grosser Verdünnung schliesslich der Einheit nähert. Nun darf aber der Verdünnungsgrad für die Praxis der Messung eine gewisse Grenze nicht überschreiten. In solchen Fällen hat man den Wert von u mit Hülfe des Wertes von λ_∞, wie er sich aus dem Chlorid oder Nitrat des betreffenden Kations sicher feststellen lässt, und den Wert v auf Grund des aus einem Kalium- oder Natriumsalz des fraglichen Anions leicht bestimmbaren Wertes von λ_∞ zu ermitteln.

Näheres über das Verhalten der Ionengeschwindigkeiten bei verschiedenen Temperaturen, sowie über ihre Beziehung zur chemischen Konstitution der Ionen findet man in dem *Lehrbuch der allgemeinen Chemie von Ostwald, 2. Bd., I. T., 1893.* Nur möge noch bemerkt sein, dass die grösste Wanderungsgeschwindigkeit das Kation der Säuren hat, nämlich der Wasserstoff, für welchen OSTWALD bei 25^0 u $= 320$ annimmt, und dass für den Wert v des Anions OH der Basen bei 25^0 die Zahl 170 gesetzt wird.

Zum Zweck der weiteren Demonstration des KOHLRAUSCH-schen Gesetzes mögen zwei Versuche angeführt werden, welche zwar nicht ganz einwurfsfrei sind, wohl aber das Obige einigermassen veranschaulichen. Als Zersetzungszelle für den ersten Versuch verwende man ein mit Platinelektroden versehenes U-Rohr (Fig. 10) und leite einen Strom unter Einschaltung eines weniger empfindlichen, mit vertikaler Nadel versehenen Galvanoskops durch die äquimolekularen Lösungen zweier Natriumsalze, deren Anionen möglichst verschiedene Geschwindigkeiten haben, und zwar zunächst durch eine Lösung von Natriumacetat $84:100$ ($v_{C_2H_3O_2} = 38,4$), hierauf unter Benutzung des nämlichen U-Rohres durch eine Lösung von Kochsalz $36:100$ ($v_{Cl} = 70$). Im letzteren Fall zeigt die Nadel einen ungefähr dreimal so grossen Ausschlag, was wesentlich durch die grössere Leitfähigkeit des Chlorions gegenüber derjenigen des Anions $C_2H_3O_2$ bedingt ist.

Durch den zweiten Versuch lässt sich das Verhältnis der Ionengeschwindigkeiten objektiv darstellen. Fig. 15 zeigt im Princip die Anordnung von LODGE (*Rep. of the Brit. Assoc.*

1887, S. 389), dessen zahlreichen Versuchen zur direkten Ermittelung der Wanderungsgeschwindigkeiten der Ionen der
folgende mit einigen Abänderungen nachgebildet ist. Ein
8 mm weites, 40 cm langes Glasrohr r wird mittels eines
Diamanten mit einer Centimeterteilung versehen und 1,5 cm
vor jedem Ende rechtwinklig umgebogen. Ferner erhitze man
über einem Wasserbad 140 g Wasser mit 10 g reiner Gelatine, bis sich letztere eben gelöst hat, und füge 7 g Kochsalz und
einige Tropfen der roten, schwach alkalischen Phenolphtaleïn-
lösung hinzu, so dass die Flüssigkeit deutlich rosarot gefärbt ist. Letztere wird warm durch Fliesspapier filtriert und
in die Röhre r gegossen, worin sie bald erstarrt. Hierauf
wird das eine Ende der Röhre r durch die eine Durchbohrung

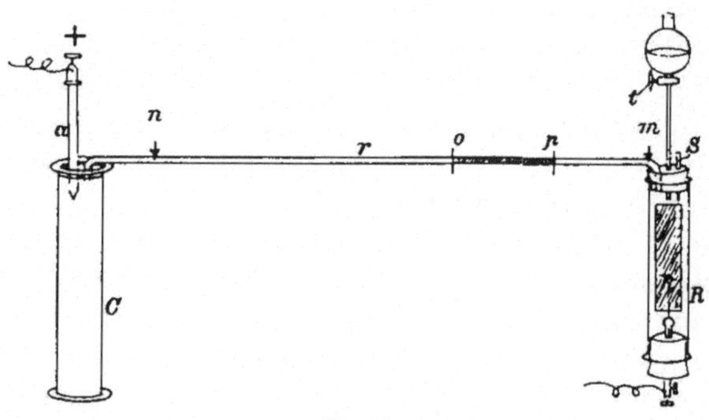

Fig 15.

eines Pfropfens gesteckt, dessen beide andere Durchbohrungen
den Hahntrichter t und das massive Glasstäbchen s tragen.
Dieser Pfropfen schliesst das obere Ende der Röhre R. Im
unteren Ende derselben ist mittels eines Pfropfens das zur
Kathode bestimmte Plantinblech k befestigt. Mit Hülfe des
Trichters t und des Stäbchens s gelingt es leicht, die Röhre R
unter gänzlicher Verdrängung der Luft mit einer Lösung von
Kupferchlorid 1:10 zu füllen und luftdicht abzuschliessen.
Ohne diese Massregel würde die Gelatine unter der Ein-
wirkung des Stromes aus r teilweise herausgedrängt werden.
Das andere Ende der Röhre r wird in einen mit verdünnter
Salzsäure gefüllten Cylinder C, in welchem sich die aus Gas-
kohle bestehende Anode a befindet, eingesenkt. Die ganze

Anordnung hat nun den Zweck, zu zeigen, dass während des Stromdurchgangs der Wasserstoff von C aus, und das Chlor von R aus in der Röhre r vordringt, was sich durch die Entfärbung der Gelatine zu erkennen giebt. Indessen muss man, bevor man die Pole anlegt, den Apparat mindestens 25 Stunden sich selbst überlassen. Denn schon der Vorgang der Diffusion der beiden Flüssigkeiten in die Gelatine bewirkt, dass sich letztere von den Enden her entfärbt, und zwar wird das Alkali der Gelatine durch die Salzsäure direkt neutralisiert, während es auf das vordringende Kupferchlorid nach der Gleichung $CuCl_2 + 2\,NaOH = CuO_2H_2 + 2\,NaCl$ reagiert, so dass anstatt der Rotfärbung die schwach blaue Trübung des Kupferhydroxyds auftritt. Nun rückt bei 20^0

in der Zeit von 1 Stunde, 4 Stunden, 25 Stunden, 36 Stunden
die Salzsäure um 1 cm, 2 cm, 5 cm, 6 cm,
die Kupferchlo-
ridlösung um 0,5 cm, 1,0 cm, 2,5 cm, 3,0 cm

vor. Es entspricht dieser Vorgang dem Gesetz von STEFAN: $h = a\sqrt{t}$, wenn h die Steighöhe, a eine Konstante und t die Stundenzahl bedeutet. Für die verdünnte Salzsäure würde $a = 1$, für die Kupferchloridlösung $a = {}^1/_2$ sein. Nach 25 Stunden, nach welcher Zeit noch die Strecke mn rot ist, schliesse man an die Elektroden 10 Akkumulatoren an. Die Entfärbung schreitet jetzt ungleich schneller vor. Während an a und k die Chlor- bezw. Kupferionen entionisiert werden und so dem Strom den Durchgang durch den Apparat ermöglichen, wandern unter Entfärbung der Gelatine von a nach k die Wasserstoffionen der Chlorwasserstoffsäure und von k nach a die Chlorionen des Kupferchlorids, und zwar in je 2 Stunden erstere um 3 cm, letztere um 0,5 cm. Nach 10 Stunden ist nur noch die Strecke op rot gefärbt. Von der Anode her nahm also in dieser Zeit die Entfärbung um 18,8 cm, von der Kathode her um 3,7 cm zu, und zwar erscheint die Strecke mp nicht bläulich getrübt, sondern ebenso farblos wie die Strecke no. Zwischen den Teilstrichen 31 und 32 würde die rote Zone schliesslich ganz verschwinden. Die durch den Strom herbeigeführte Entfärbung beruht darauf, dass die von der Anode kommenden H-ionen mit dem

Hydroxyl der in der Gelatine vorhandenen Base Wasser bilden, und die frei gewordenen Natriumatome sich auf Kosten benachbarter NaOH-molekeln wieder zu NaOH ergänzen. Die hierdurch freigewordenen Natriumatome verhalten sich ebenso, bis sie durch die vom Kathodenende anrückenden Cl-ionen gebunden werden. Somit wird in dem Masse, als die Ionen wandern, beiderseits das Alkali dem Phenolphtaleïn entzogen, und infolgedessen die Gelatine entfärbt. Subtrahiert man von 18,8 und 3,7 cm die Strecken 0,9 bezw. 0,4 cm, um welche die Entfärbung während der Dauer des Stromdurchgangs durch die Diffusion allein zugenommen hätte, so restieren die Strecken 17,9 und 3,3 cm. Diese aber geben das Verhältnis der Geschwindigkeiten an, in denen die Ionen H und Cl durch die Einwirkung des Stromes wandern. Der Versuch lehrt also, dass das H-ion ungefähr fünfmal so schnell nach der Kathode vorrückt als das Cl-ion nach der Anode. Dass nun in wässrigen Lösungen der Befund derselbe ist als in der steifen Gelatine, ist nach GRAHAMS Untersuchungen sicher anzunehmen, nach denen die Diffusion eines Salzes in einer Gallertmasse mit kaum geringerer Geschwindigkeit erfolgt als in reinem Wasser.

Würde man die Potentialdifferenz, welche an den Enden der Röhre r herrscht, messen, so würde man die Wanderungsgeschwindigkeiten beider Ionen in absoluten Einheiten d. h. in cm/sec. pro Volt/cm bestimmen können. Nach BUDDE und KOHLRAUSCH ergeben sich diese absoluten Werte U und V durch Multiplikation der relativen Grössen u und v mit dem Faktor $110 \cdot 10^{-7}$, so dass man bei 18^0 $U_H = 0,00352$ und $V_{Cl} = 0,00069$ cm findet, d. h. die Ionen wandern in 1 Sekunde 0,00352 bezw. 0,00069 cm, falls die Potentialdifferenz an den Enden der 40 cm langen Röhre r genau 40 Volt beträgt. Ferner ist nach KOHLRAUSCH (*Wied. Ann., Bd. 50, S. 403*) in sehr verdünnten Lösungen

$$U_K = 0,00066 \text{ cm} \qquad V_{NO_3} = 0,00063 \text{ cm,}$$
$$U_{Na} = 0,00045 \text{ „} \qquad V_{OH} = 0,00181 \text{ „}$$
$$U_{Ag} = 0,00057 \text{ „}$$

Für mehrwertige Ionen lassen sich bis jetzt die Wanderungsgeschwindigkeiten nicht mit genügender Sicherheit angeben.

5. Kapitel.

Die Dissociationstheorie von Arrhenius.

Für die Erscheinungen der Leitfähigkeit der Elektrolyte, welche Ostwald durch die allgemeine Formel $\lambda = \alpha\,(u + v)$ zusammenfasst, hat Swante Arrhenius in Stockholm im Jahre 1887 durch seine Theorie der elektrolytischen Dissociation der Ionen eine annehmbare Erklärung gegeben. Da nämlich nach dem Gesetz von Kohlrausch die Ionen unter dem Einfluss des galvanischen Stromes mit einer ihrer chemischen Natur eigentümlichen Geschwindigkeit wandern, und es also gleichgültig sein muss, welches Anion einem bestimmten Kation angehört, so behauptete Arrhenius, dass der elektrische Strom nicht erst nötig hat, die Molekeln der Elektrolyte in die Ionen zu spalten, da sie in der wässrigen Lösung bereits in ihre beiden, mit den betreffenden elektrischen Ladungen behafteten Ionen dissociiert sind. Während sich ferner die letzteren sonst regellos zwischen den Wassermolekeln hin und her bewegen und dabei bald an ein entgegengesetztes Ion herantreten, bald wieder von ihm weichen, schlagen sie nach Arrhenius, falls zwischen den eingesenkten Elektroden eine Potentialdifferenz besteht, bestimmte Bahnen ein, und zwar das Kation nach der Kathode, das Anion nach der Anode. Die erste Arbeit, welche der elektrolysierende Strom auszuführen hat, besteht also darin, dass er die Reibungswiderstände, welche die Ionen an den ihnen im Wege stehenden Wassermolekeln erfahren, überwinden muss. Diese Widerstände sind nach der Natur der Ionen verschieden gross, und je grösser sie sind, um so geringer ist die Beweglichkeit, also auch die Wanderungsgeschwindigkeit derselben. Nach Kohlrausch *(Wied. Ann. Bd. 50, S. 407)* sind jene elektrolytischen Reibungen sehr beträchtlich. Damit 1 g-Ion in verdünnter Lösung mit der Geschwindigkeit 1 cm/sec fortbewegt wird, bedarf es, wenn A das Äquivalentgewicht des Ions ist, einer Zugkraft von $984000/(A . U)$ bezw. $984000/(A . V)$ kg-Gew. Für 39,1 g Kalium in verdünnter Lösung werden also gefordert $984000/(39{,}1 \cdot 0{,}00066) = 38 \cdot 10^6$ kg-Gew. Diese zum Transport der Ionen verbrauchte, sehr bedeutende Arbeit, die einen wesentlichen Teil der zugefügten Stromenergie ausmacht, geht in Joule-Wärme über, ebenso wie in einem metallischen Leiter je nach dem specifischen Widerstand desselben ein Teil der Stromenergie in Wärme verwandelt wird.

An den Elektroden aber hat der Strom eine zweite Arbeit zu leisten, sei es, dass er die angezogenen Ionen neutralisiert, indem er die ihnen mit einer gewissen Intensität anhaftende Ladungsmenge entzieht, sei es, dass er aus dem Material der Elektroden oder des Wassers neue Ionen bildet, und zwar für die ankommenden Kationen neue Anionen, für die ankommenden Anionen neue Kationen.

Demgemäss ist die Stromleitung einer elektrolytischen Lösung durch das Vorhandensein freier Ionen bedingt, während die etwa anwesenden noch nicht dissociierten Molekeln sich an der Leitung gar nicht beteiligen. Jener Faktor α giebt an, welcher Bruchteil des theoretischen Wertes λ_∞ der gefundene Wert λ ist. Nach der Dissociationstheorie erhält aber α eine bestimmtere Bedeutung. Wenn nur die freien Ionen die Stromleitung ermöglichen, so bezeichnet α denjenigen Bruchteil der Molekeln des Elektrolyten, welche die Dissociation erlitten haben, und heisst daher der Dissociationskoefficient. Sind z. B. in 1 Liter Wasser 100 g-Molekeln des Elektrolyten gelöst, und sind 80 g-Molekeln dissociiert, so ist $\alpha = 0{,}80$. Die merkwürdige Thatsache nun, dass bei zunehmender Verdünnung die Grösse λ wächst, d. h. die auf die gleiche Gewichtsmenge des Elektrolyten bezogene Leitfähigkeit zunimmt, erklärt sich nach ARRHENIUS daraus, dass bei fortgesetztem Zusatz des Lösungsmittels eine weitere Dissociation der Molekeln, mithin eine Vermehrung der die Elektricität transportierenden Ionen erfolgt, oder dass, wie ARRHENIUS sich ausdrückt, eine grössere Anzahl der Molekeln aktiv wird. Sind schliesslich von einer bestimmten Verdünnung an alle Molekeln dissociiert, so hat die Leitfähigkeit, die nunmehr als λ_∞ bezeichnet wird, ihr Maximum erreicht. Für diesen Fall ist $\alpha = 1$. Aus den Gleichungen $\lambda = \alpha \, (u + v)$ und $\lambda_\infty = u + v$ berechnet sich

$$a = \lambda/\lambda_{\infty}.$$

Der Dissociationstheorie gemäss leiten die flüssigen, chemisch reinen Elektrolyte, wie kondensierter Chlorwasserstoff, 100procentige Schwefelsäure u. s. w., den Strom nicht, weil ihre Molekeln nicht dissociiert sind. Aus demselben Grunde verhält sich auch das chemisch reine Wasser wie ein Nichtelektrolyt. Denn das von KOHLRAUSCH und HEYDWEILLER im Vakuum destillierte Wasser zeigt bei 18^0 einen specifischen Widerstand von $24,75 \cdot 10^{10}$ Quecksilbereinheiten *(Sitzungsber. d. K. preuss. Akad., physik.-math. Kl. 1894, S. 295)*. Eine Säule solchen Wassers von 1 mm Höhe würde dem Strom einen noch etwas grösseren Widerstand entgegensetzen als eine gleich dicke, dreihundertmal um den Erdäquator geführte Kupferdrahtleitung. Die molekulare Leitfähigkeit von einem Liter jenes Wassers würde $0,404 \cdot 10^{-4}$ sein, und da $u_H = 320$ und $v_{OH} = 170$ gesetzt wird, so würde die Dissociation desselben so gering sein, dass 1 g H-ionen und 17 g OH-ionen erst in $12^1/_2$ Millionen Litern enthalten wären. Solches Wasser kann daher als Nichtleiter angesehen werden, und man darf annehmen, dass das Wasser an der Elektrolyse der Lösungen primär nicht Anteil nimmt. Der Umstand, dass das sorgfältig destillierte Wasser nicht vollkommen isoliert, ist nach WARBURG *(Wied. Ann. 1895, S. 396)* zufolge genauerer Beobachtungen des Vorgangs der Elektrolyse auf das Vorhandensein minimaler elektrolytischer Beimengungen zurückzuführen, und auf dieselbe Weise findet auch das geringe Leitungsvermögen mit allen Vorsichtsmassregeln gereinigter organischer Verbindungen, wie Anilin, Xylol, Terpentinöl etc. seine Erklärung.

Den beiden Thatsachen gegenüber, dass weder die blossen Elektrolyte noch das reine Wasser den Strom leiten, ist es im höchsten Grade auffällig, dass die wässrigen Lösungen derselben den Strom passieren lassen. Demnach ist dem Wasser das Vermögen zuzuschreiben, die Molekeln eines Elektrolyten in seine beiden Ionen zu trennen, also die Kräfte zu überwinden, mit denen die Ionen in den nach aussen neutral erscheinenden Molekeln in gewissem Grade zusammen gehalten werden. Da im allgemeinen der rein physikalische Vorgang der Lösung eines Elektrolyten unter Abkühlung erfolgt, so ist es wahrscheinlich, dass diese Energiebindung mit der Dissociierungsarbeit im Zusammenhang steht. Werden doch bei der Lösung von 1 g-Mol. Kalisalpeter (101 g) 8500 g-cal. gebunden, die einer Arbeit von 3600 kgm entsprechen. Worin aber des näheren der Mechanismus der Dissociation besteht, ist noch nicht ergründet.

Ausser dem Wasser sind zwar noch einige andere Flüssigkeiten, namentlich solche, deren Molckeln, wie die der Alkohole, Hydroxylgruppen enthalten, imstande, eine Dissociation der Elektrolyte bei der Lösung zu bewirken. Das Wasser aber ist ihnen allen mit Bezug auf das Dissociierungsvermögen weit voraus, und auf diese sowie auf seine sonstigen exceptionellen Eigenschaften ist die ausserordentlich wichtige Rolle zurückzuführen, die es im Haushalte der Natur spielt. Während die Lösung des Chlorwasserstoffs in Wasser ein vorzüglicher Leiter ist, wird die Stromleitung in einer Lösung des getrockneten Chlorwasserstoffs in Chloroform auch bei stärkeren Strömen völlig verhindert. Denn bringt man ein mit Platinelektroden versehenes, mit letzterer Lösung gefülltes U-Rohr (s. Fig. 10) nebst einem Galvanometer in den Stromkreis einer selbst aus 10 Akkumulatoren bestehenden Batterie, so zeigt die Nadel nicht den geringsten Ausschlag. Das Nichtvorhandensein von Ionen ist auch der Grund, warum jene Lösung, wenn sie mit Lackmuspulver geschüttelt wird, dasselbe unverändert lässt. Erst nach Zusatz von Wasser findet die Rötung statt.

Dass die Elektrolyte im geschmolzenen Zustand den Strom leiten, erscheint insofern begreiflich, als ein Teil der zum Schmelzen aufgewendeten Wärme die Dissociierungsarbeit leistet.

Dagegen ist noch eine andere Frage zu beantworten, woher denn die elektrischen Ladungen der Ionen, der Bestandteile der Molekeln eines Elektrolyten, stammen? Setzen sich doch die Ionen, wenn sie nicht selbst Elementaratome sind, aus solchen zusammen, und nimmt man doch von diesen an, dass sie an sich unelektrisch sind? Diese Frage ist noch nicht entschieden. Doch ist bereits der erste Schritt zur Lösung derselben gethan, und zwar von OSTWALD (*Ztschr. für physikal. Chemie 11. (1893), S. 501),* indem er die Ionisationswärme j der Elemente ermittelte, d. h. die Wärmemenge, die beim

Übergang eines g-Atoms eines Elementes in den Ionenzustand frei oder gebunden wird.

In aller Kürze möge hier auseinandergesetzt werden, auf welchem Wege er zu dem Werte von j für Kupfer gelangt. Geht ein Strom zwischen Kupferelektroden durch eine Kupfersulfatlösung, so wird das Kupfer der Anode in den Ionenzustand übergeführt. Hierbei wird pro g-Atom Cu insgesamt die Wärmemenge $w = 10200$ cal. entbunden, welche indirekt aus der Änderung ermittelt wird, die der Potentialunterschied zwischen einer Kupferelektrode und einer Kupfersulfatlösung mit der Temperatur erfährt. Da ferner dieser Potentialunterschied für eine normale Kupfersulfatlösung nach den mittels eines Kapillarelektrometers vorgenommenen Messungen $= -0{,}6$ Volt beträgt, wobei das Potential des Metalls $= 0$ gesetzt ist, der Elektrolyt sich also auf einem tieferen Potential befindet, so wird für 1 g-Atom Kupfer, wenn es sich löst, die Energiemenge $E = 2 \cdot 96500 \cdot 0{,}6$ Volt-Coulomb $= 27700$ cal. frei. Nun aber muss $w = E + j$ sein, mithin ist $j = 10200 - 27700 = -17500$ cal., d. h. also: 17500 cal. werden bei dem Ionisierungsvorgang eines Kupferatoms gebunden, so dass das Cu-ion um diese Energiemenge reicher ist als das neutrale Kupferatom. Sehr leicht ist ferner aus dem Werte j für Kupfer derjenige für Zink zu finden. Aus der thermochemischen Gleichung: $Zn + CuSO_4 = ZnSO_4 + Cu + 50100$ cal. folgt, dass 50100 cal. frei werden, wenn 1 g-Ion Kupfer seinen Ionenzustand aufgiebt, und gleichzeitig 1 g-Atom Zink ionisiert wird. Da nun hierbei für 1 Cu-ion 17500 cal. frei werden müssen, so giebt 1 g-Atom Zink, indem es Ion wird, $50100 - 17500 = 32600$ cal. ab. Daher ist 1 g-Ion Zink um diese Energiemenge ärmer als 1 g-Atom neutralen metallischen Zinks. Bezeichnet man nach Ostwald je ein positives Elektricitätsquantum eines Kations durch einen Punkt (·), je ein negatives eines Anions durch einen Strich ('), so lassen sich die Ionisierungsvorgänge durch thermochemische Gleichungen ausdrücken, wie z. B.

$$Cu = Cu\text{\textasciidieresis} - 17500 \text{ cal.,}$$
$$Zn = Zn\text{\textasciidieresis} + 32600 \text{ cal.,}$$
$$Cl = Cl' + 40100 \text{ cal.}$$

Sowie man den Wert von j für Zink aus der Ionisierungswärme des Kupfers und einer thermochemischen Reak-

tionsgleichung erhalten kann, lassen sich auch die übrigen
Ionisierungswärmen bestimmen. Diese Werte sind von besonderem Interesse. Daher mögen die OSTWALDschen, auf
eine Valenzmenge sich beziehenden Zahlen hier folgen:

$$K = + 61000 \text{ cal.} \qquad Pb = - 500 \text{ cal.}$$
$$Al = + 39200 \text{ „} \qquad H = - 800 \text{ „}$$
$$Zn = + 16300 \text{ „} \qquad Cu = - 8800 \text{ „}$$
$$Fe = + 10000 \text{ „} \qquad Ag = - 26200 \text{ „}$$

(Ferroion)

Wenn auch diese Daten wegen der Schwierigkeit der
Bestimmung von w und E nicht absolut sicher sind, so geht
doch aus ihnen hervor, dass die Ionisierung eines Atoms bald
mit einer Abgabe, bald mit einer Aufnahme von Energie
verknüpft ist, und dass im Ionenzustand diejenigen Elemente
energieärmer sind, welche eine höhere chemische Aktivität
zeigen, während den chemisch trägeren Elementen von aussen
Energie zuzufügen ist, wenn ihre Atome Ionen werden sollen.
Umgekehrt wird die Neutralisierung der Ionen jener Elemente
nur mit Aufwendung grösserer Energiemengen möglich sein,
wohingegen die Ionen der letzteren Elemente sich mit Leichtigkeit abscheiden.

Besonders aber ist hervorzuheben, dass der Ionisierungsvorgang nicht notwendig einen Energieverbrauch bedingt.
Allgemein lässt sich nur sagen, dass bei der Ionisierung
die einem Atom innewohnende Energie eine Umformung erleidet. Während ein Teil in elektrische übergeht,
kann ein anderer Teil nach aussen abgegeben werden, oder es
wird von aussen noch Energie aufgenommen. Je nach dem
chemischen Charakter des Elementes ist also seine Gesamtenergie in der Ionenform grösser oder geringer.

Der neuen Theorie der elektrolytischen Dissociation ist
es anfangs nicht leicht gewesen, sich zu behaupten, und wenn
auch dank der eifrigen Arbeit ihrer Vertreter die Zahl der
Anhänger sehr schnell zugenommen hat, so giebt es doch
noch Physiker und Chemiker, welche sich nicht dazu entschliessen können, die Existenz freier, mit elektrischen Ladungen
behafteter Teilmolekeln anzuerkennen.

In betreff der Wirkungsweise des elektrolysierenden Stromes stehen jene Physiker zumeist noch immer auf dem Boden

der alten, aus dem Jahre 1805 stammenden GROTTHUSSSCHEN
Theorie. Diese nahm an, die Arbeit des Stromes bei der Elektrolyse bestünde darin, die in der Lösung befindlichen Molekeln
des Elektrolyten in Reihen zu ordnen und an den Elektroden
die Ionen aus dem Verband der Molekeln zu trennen. Man
glaubte so erklärt zu haben, wie die elektrische Energie verbraucht würde und in chemische überginge. Gegen diese Ansicht wendete CLAUSIUS schon 1857 *(Mechanische Behandlung der
Elektricität 1879, Abschnitt VI)* ein, dass sich nach derselben die
Lösung eines Elektrolyten erst dann als Leiter verhalten dürfte,
wenn die Stromenergie (Volt. $\times$ Amp.) denjenigen Grad erreicht
hätte, der zur Zerlegung der Molekeln erforderlich wäre, und
dass von diesem Moment an, der an dem plötzlich erfolgenden
Ausschlag eines eingeschalteten Galvanometers zu erkennen
wäre, sehr viele Molekeln mit einem Male zersetzt werden
müssten. Thatsächlieh aber vermag schon ein Strom von
minimaler Ampèrezahl elektrolytisch zu wirken, wofern nur
die an den Elektroden herrschende Spannung die im allgemeinen geringe elektromotorische Gegenkraft, die von dem
Material der Elektroden, sowie von dem Charakter der Ionen
abhängt, welche mehr oder weniger leicht ihre Ladungen abgeben, eben noch überwindet. Ist diese Bedingung erfüllt,
so beginnt die Galvanoskopnadel auszuschlagen. Der Ausschlag wächst ganz allmählich, sowie die elektromotorische
Kraft des Stromes zunimmt, und da infolgedessen die Strommenge, welche die Lösung passiert, grösser wird, so wird
nach dem FARADAYschen Gesetz die Quantität der abgeschiedenen Ionen vermehrt. Die Erfahrung lehrt also, dass die
Leiter zweiter Ordnung dem OHMschen Gesetz vollkommen
genügen, was auf Grund der GROTTHUSSSchen Theorie nicht
der Fall sein könnte.

Wenn wirklich die Stromenergie zur Spaltung der Molekeln
des Elektrolyten aufgewendet würde, so müssten ferner gerade
diejenigen Elektrolyte ein grösseres Leitungsvermögen zeigen,
deren Ionen im chemischen Sinne durch eine schwache Verwandtschaft zusámmengehalten werden. Die Erfahrung widerspricht auch dieser Folgerung, denn eine Lösung von Quecksilberchlorid leitet weit schlechter als eine solche von Kaliumchlorid, und bei der Elektrolyse des Kaliumsilbercyanids geht

gerade das Kalium, das doch fester gebunden sein müsste, an die Kathode, während das Silber nebst dem Cyan an die Anode wandert. Gegenüber der älteren Theorie ist die Dissociationstheorie von jenen Einwänden frei; sie trägt, wie oben erörtert, den Thatsachen der Elektrolyse in ausreichender Weise Rechnung.

Den Chemikern aber, welche die Existenz der freien Ionen leugnen, weil sich dieselben chemisch anders verhalten als die neutralen Atome, ist entgegenzuhalten, dass die Ionen, wie oben erörtert worden ist, einen anderen Energieinhalt besitzen als die Elemente im freien Zustand und daher andere Qualitäten aufweisen müssen als jene. Wenn in einer Lösung von Kaliumchlorid das $K^{\cdot}$ auf das Wasser nicht reagiert, also aus demselben keinen Wasserstoff abspaltet, wenn ferner das Cl' geruchlos ist, so liegt dies entweder daran, dass die chemische Energie der Ionen von der der freien Elemente dem Grade nach verschieden ist, oder daran, dass jene wegen der elektrischen Ladungen ihren Energieinhalt chemisch nicht wie sonst äussern. Zink löst sich in Salzsäure auf, nicht aber, wenn man es negativ ladet. Erklärt man doch auch die verschiedene Reaktionsfähigkeit der allotropischen Modifikationen der Elemente, wie des Phosphors, Sauerstoffs, Kohlenstoffs u. s. w., durch die wohlbegründete Annahme eines verschiedenen Energieinhaltes!

Weit entfernt, den Thatsachen der Chemie zu widersprechen, ist vielmehr die Dissociationstheorie imstande, sehr viele, bisher noch rätselhafte chemische Vorgänge begreiflich zu machen. Dass die Metalle aus den Mineralsäuren leicht Wasserstoff in Freiheit setzen, während sie gegen Kohlenwasserstoffe indifferent sind, dass sich ferner die Hydroxylgruppen der Ätzalkalien bei der Einwirkung auf die Salze der Schwermetalle leicht abspalten, wohingegen diese Gruppen aus den Alkoholen, z. B. aus Glycerin, welches mit Kupfersulfat keine Fällung giebt, auf diese Weise nicht verdrängt werden, liesse sich nicht einsehen, wenn in den Molekeln jener Säuren und Basen ein festerer Zusammenhang vorausgesetzt würde als in den organischen Körpern. Die hohe Reaktionsfähigkeit derjenigen anorganischen Verbindungen, welche Elektrolyte sind, die Geschwindigkeit, mit welcher ihre Wirkungen eintreten, gegenüber der Langsamkeit, mit welcher die Nichtelektrolyte, namentlich die Kohlenstoffverbindungen, reagieren, wird erst durch die Dissociationstheorie verständlich *(Ostwald, Ztschr. für physikal. Chemie 2 (1888), S. 270)*. In gelöster Form sind gerade diejenigen Stoffe die chemisch aktivsten, in deren Molekeln die Bestandteile dissociiert sind; und von dieser Thatsache macht nicht allein die analytische, sondern auch die synthetische Chemie, besonders die der Kohlenstoffverbindungen, die ausgedehnteste Anwendung. Auch die Endresultate, denen die chemischen Processe unter der Mitwirkung der Elektrolyte zustreben, sind nach der Dissociationstheorie von vornherein ersichtlich. Denn die Massenteilchen tauschen sich Ion für Ion aus, und dies um so schneller, je grösser die Beweglichkeit der Ionen, und je vollkommener die Dissociation vorgeschritten ist. Der OSTWALDsche Dissociationskoefficient α gewinnt daher um so mehr an Bedeutung, als er zugleich der Aktivitätskoëfficient bei chemischen Reaktionen ist und vielleicht auf den Weg führen wird, auf dem eine Bestimmung der chemischen Affinität gelingt.

Es leuchtet ferner ein, dass die Reagentien, welche die Erkennung eines Elementes ermöglichen, wenn es sich im Ionenzustand befindet, nicht mehr verwendbar sind, sobald es mit andern Elementen ein zusammengesetztes Ion bildet. So ist in dem $ClO_3{}'$ des Kaliumchlorats das Chlor nicht mehr durch Silbersalzlösungen nachweisbar. Wenn ferner das Eisenatom in den Kaliumsalzen der Ferro- und Ferricyanwasserstoffsäure durch Schwefelammonium, das Kupfer aus seinen Salzen bei Gegenwart von Weinsäure durch Natronlauge nicht gefällt wird, so ist der Grund hierfür der, dass in jenen Fällen die Metalle Eisen und Kupfer nicht mehr selbständige Ionen, sondern Bestandteile komplexer Ionen sind, also die Bedingungen für normale Reaktionen nicht erfüllen. Im Zusammenhang hiermit steht die schärfere Begrenzung der Begriffe: Doppelsalz und Salz einer komplexen Säure. Aus der Lösung des ersteren scheiden sich bei der Elektrolyse beide Metalle als Kationen ab, während das Metall eines komplexen Anions mit diesem an die Anode wandert.

Ferner sei noch darauf hingewiesen, dass auch die Thermo-
neutralität, die man beim Vermischen solcher Salzlösungen
beobachtet, welche keine Niederschläge geben ($KCl + NaNO_3$,
$AgNO_3 + CuSO_4$), sowie die Erscheinung der gleichen Neu-
tralisationswärme durch die Ionentheorie erklärt wird. Letztere Wärmemenge, welche bei der Neutralisation einer löslichen Säure und einer löslichen Base zu löslichem Salz frei
wird, rührt ausschliesslich von der Verbindung der H-ionen
der Säuren und der OH-ionen der Basen her und muss daher
von dem Anion der Säuren und dem Metall der Basen unabhängig sein, also auch immer denselben Wert

$$H\cdot + OH' = H_2O + 13700 \text{ cal. bei } 20^0$$

(ARRHENIUS, *Ztschr. f. physikal. Chemie 4 [1889], S. 96)* haben,
falls nicht infolge unvollkommener Dissociation sonstige
Energieänderungen eintreten.

Wenn endlich die Verseifung der Ester gleich
schnell erfolgt, welche Base oder welche Säure man
auch einwirken lässt, so setzt dies das Vorhandensein freier OH'
bezw. H·, mithin
eine Dissociation
der Basis- bezw.
Säuremolekeln
voraus.

Zum direk-
ten Nachweis der
Existenz freier
Ionen führt OST-
WALD *(Ztschr. für physikal. Chemie 2 [1888], S. 271 und 3
[1889], S. 120)* einige Versuche
an, von denen mir nur einer,
und zwar in der folgenden Anordnung, leicht ausführbar erscheint. An die Enden eines
40 cm langen und 1 cm weiten
Glasrohres RR (Fig. 16) ist recht-
winkelig zu dem-
selben je ein
Rohr von der
Grösse eines Rea-
genzglases ange-
schmolzen. Das
eine ist mit einem

Fig. 16.

Pfropfen dicht verschlossen, in dessen Durchbohrung ein

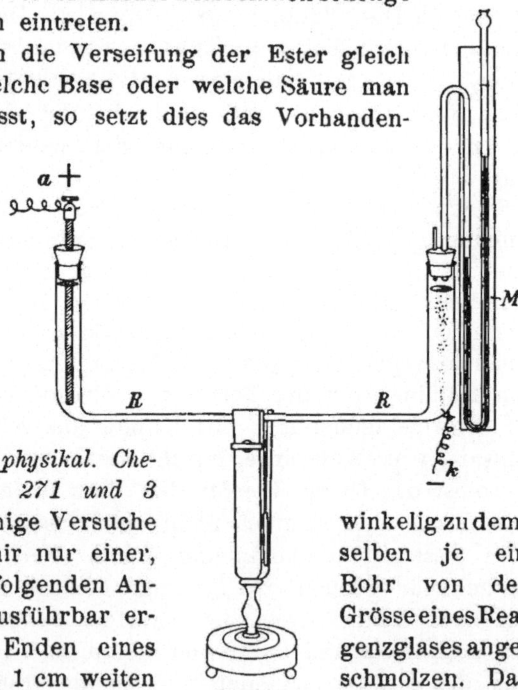

Stab a chemisch reinen, amalgamierten Zinks steckt. Dem andern Rohr, in dessen unterem Ende ein Stück Platindraht k eingeschmolzen ist, wird, nachdem das Ganze mit verdünnter Schwefelsäure gefüllt ist, ein Pfropfen aufgesetzt, der ein zweimal rechtwinklig gebogenes, mit einer gefärbten Flüssigkeit gefülltes Manometerrohr M trägt. Wird nun der Zinkstab mit dem positiven, der Platindraht mit dem negativen Pol einer fünfzelligen Akkumulatorenbatterie verbunden, so tritt am Platindraht sofort Wasserstoff auf und bewirkt, dass die Flüssigkeit im Manometerrohr steigt. Würde nun der Strom die Molekeln der Schwefelsäure erst zu zerlegen haben, so müssten die beiden Wasserstoffatome, denen das SO_4-radikal vom Zink entzogen wäre, durch das horizontale, 40 cm lange Rohr zum Platin wandern. Hierzu wäre, wie einer der früheren Versuche lehrte, eine Zeit von mehreren Stunden erforderlich. Da aber der Wasserstoff thatsächlich gleich im Momente des Stromschlusses am Platin sichtbar wird, so müssen in der Nähe desselben freie Wasserstoffionen schon vorhanden gewesen, und diese müssen nach der Neutralisierung ihrer Ladungen in Gasform entbunden worden sein.

So erscheint die Dissociationstheorie nicht nur gegen alle jene Einwände gerechtfertigt, sondern sie wird auch zur Erklärung mancherlei Vorgänge gefordert. Noch prägnanter aber wird ihre Richtigkeit durch Erscheinungen bewiesen, die einem Gebiete angehören, welches der Elektrolyse ferner liegt. Hiervon soll der nächste Abschnitt handeln.

II. Abschnitt.

Die van't Hoffsche Theorie der Lösungen.

Gleichzeitig mit der ARRHENIUSschen Theorie der elektrolytischen Dissociation ist die VAN'T HOFFsche Theorie der Lösungen entstanden. Seit der kurzen Zeit ihres Bestehens, nämlich seit der zweiten Hälfte des vorigen Jahrzehnts, hat diese Theorie bereits ausserordentliche Erfolge erzielt. Denn sie hat es ermöglicht, eine Reihe von Erscheinungen, die einen Zusammenhang bisher nicht erkennen liessen, theoretisch zu begründen und mit einander zu verknüpfen. Auch in der Praxis des Chemikers hat sie vorzügliche Dienste geleistet, insofern sie äusserst wertvolle Methoden zur Bestimmung des Molekulargewichts geschaffen hat.

Was aber hier ganz besonders in Betracht kommt, sind ihre Beziehungen zur Dissociationslehre, die von ihr aufs kräftigste unterstützt wird, sowie die Erläuterung des Begriffs des osmotischen Druckes. Da an den letzteren die im III. Abschnitt zu behandelnde NERNSTsche Theorie der Stromentstehung direkt anknüpft, so muss auf die VAN'T HOFFsche Theorie näher eingegangen werden, wenn sie auch auf den ersten Blick mit der Elektrochemie nichts zu thun hat.

1. Kapitel.

Der osmotische Druck.

Falls ein Körper auf eine Flüssigkeit, in welcher er löslich ist, chemisch nicht reagiert, pflegt man den Vorgang der Lösung als einen rein physikalischen anzusehen und betrachtet die Lösung selbst als ein molekulares Gemenge. Je nach dem Aggregatzustand des zu lösenden Körpers sind die Änderungen der Volum- und Wärmeenergie, die den Lösungsprocess begleiten, positiv oder negativ, und sie verlaufen in der Regel auch dann noch in demselben Sinne, wenn einer koncentrierten Lösung weitere Mengen des Lösungsmittels hinzugefügt werden. Hat endlich die Verdünnung eine bestimmte Grenze erreicht, so sind jene Energieänderungen nicht mehr merkbar. Es ist dann das Volumen der gelösten Substanz gering gegenüber demjenigen des Lösungsmittels. Für die folgenden Betrachtungen handelt es sich wesentlich um Lösungen, deren Koncentrationen sich jenem Grenzfall nähern. Nur für gewisse Demonstrationsversuche sind höher koncentrierte Lösungen geeigneter, weil sie schnellere und intensivere Effekte ergeben.

Schichtet man vorsichtig mittels einer an einem Glasstab befestigten Korkscheibe über die koncentriertere Lösung eines gefärbten Salzes, z. B. über eine wässrige Lösung von Kaliumbichromat oder Kupfersulfat, eine verdünntere Lösung desselben Körpers, so beobachtet man, dass die Koncentration der letzteren allmählich wächst, während die der ersteren abnimmt. Es diffundieren die Molekeln des gelösten Stoffes von Orten höherer nach solchen niedrigerer Koncentration, bis die Flüssigkeit in allen Teilen gleichartig geworden ist. Die Kraft, durch welche die Diffusion vor sich geht, entspricht dem Gasdruck, der die Molekeln eines Gasvolumens zwingt, einen grösseren Raum einzunehmen, wenn ihnen derselbe geboten wird. Denn sowie der Gasdruck die Gasmolekeln bis zu den neuen Grenzen treibt, so werden die Molekeln der gelösten Substanz gedrängt, sich in dem zugefügten Lösungsmittel gleichmässig zu verteilen.

Dass ein solcher Druck während des Diffusionsprocesses thatsächlich besteht, lässt sich zunächst durch folgenden Versuch darthun. Einen etwa 100 cm^3 grossen Cylinder fülle man bis zum Rand mit einer koncentrierten, sirupartigen Zuckerlösung und verschliesse ihn luftdicht mit einer tierischen Membran. Wird er nun aufrecht in ein Wasser enthaltendes Gefäss gesenkt, so wölbt sich die Membran in Form einer Kalotte empor, die nach einigen Stunden eine Höhe bis zu 2 cm erlangt. Offenbar beruht diese Erscheinung darauf, dass die Zuckermolekeln das Bestreben haben, in das Wasser ausserhalb des Cylinders zu diffundieren. Hieran werden sie aber durch die Membran gehindert; sie spannen daher die letztere, während Wasser in den infolge dieser Spannung entstehenden Raum der Cylinderzelle eindringt. Jene Spannung der Membran ist eine ganz bedeutende, wie man sogleich erkennt, wenn man den Cylinder aus dem Wasser hebt und die Membran mittels einer feinen Nähnadel durchbohrt. Aus der kleinen Öffnung wird ein etwa 10 cm hoher Flüssigkeitsstrahl emporgeschleudert.

Den an diesem Versuch zu beobachtenden Vorgang hat man Osmose ($\dot\omega\vartheta\acute\epsilon\omega$, durchtreiben) und die Kraft, mit welcher die Molekeln des gelösten Körpers gegen die Membran drücken, den osmotischen Druck genannt. Derselbe erweist sich um so stärker, je koncentrierter die Lösung ist.

Um aber den genaueren Zusammenhang zwischen dem osmotischen Druck und der Koncentration zu erkennen, müsste die Membran vollkommen semipermeabel, d. h. nur durchlässig für die Molekeln des Lösungsmittels, nicht aber für die der gelösten Substanz sein. Diese Bedingung wird von einer tierischen Haut nicht ganz erfüllt, denn kocht man eine kleine Menge jenes Wassers, in welchem sich die beim vorigen Versuch benutzte cylindrische Zelle mehrere Stunden befand, mit einer Spur verdünnter Schwefelsäure und fügt sie zu einem Überschuss einer erwärmten FEHLINGschen Lösung (10 g Kupfertartrat $+$ 500 g Wasser $+$ 400 g reines Ätznatron), so entsteht ein roter Niederschlag von Kupferoxydul, durch welchen die Anwesenheit von Zucker konstatiert wird. Vollkommen semipermeable Membranen sind aber thatsächlich bekannt, wenn auch in geringer Anzahl.

Legt man die Oberhautzellen von der Unterseite des Mittelnerven der Blätter von Tradescantia discolor in 10procentige Salpeterlösung, so beobachtet man mit Hülfe des Mikroskops, dass sich der Plasmaschlauch von der Zellwand loslöst. Der Plasmainhalt der Zellen kontrahiert sich, während die Salzlösung den Raum zwischen Zellwand und Plasma ausfüllt. H. DE VRIES, welcher 1884 die Osmose an Pflanzenzellen studierte, hat diese Erscheinung Plasmolyse genannt. Als semipermeable Membran fungiert hier das zarte Häutchen, welches die Plasmamasse einer Zelle umgiebt. Dasselbe lässt aus dem Inhalt der Zelle Wasser eben dann hindurch, wenn die Koncentration der Salzlösung um ein Minimum grösser ist als diejenige des Zellsaftes. Indem nun DE VRIES diejenigen Koncentrationen der wässrigen Lösungen verschiedener Körper ermittelte, die den plasmolytischen Zustand jener Pflanzenzellen eben noch hervorriefen, fand. er, dass jene Lösungen äquimolekular waren, d. h. dass sie die gelösten Körper in solchen Mengen enthielten, die im Verhältnis der Molekulargewichte derselben standen. Äquimolekulare Lösungen zeigen daher gleichen osmotischen Druck, sie sind isotonisch ($\iota\sigma\acute{o}\tau o\nu o\varsigma$, gleichgespannt).

Die Grösse des osmotischen Druckes ist somit nur durch die Anzahl der gelösten Molekeln bedingt.

So interessant dieses Ergebnis auch ist, so gestattet doch das plasmolytische Verfahren nicht, den osmotischen Druck einer Lösung von bestimmter Koncentration direkt zu messen. Hierzu sind Apparate erforderlich, deren wichtigster Teil eine künstlich hergestellte semipermeable Membran ist. In betreff der Mittel, letztere zu. erzeugen, ist man bisher sehr beschränkt gewesen, da man nur wenige geeignete Stoffe hat auffinden können, und die aus ihnen gewonnenen Membranen die gewünschte Eigenschaft nur gegen eine geringe Anzahl gelöster Substanzen gezeigt haben. Aber trotz dieser Schwierigkeiten haben die wenigen mittels künstlicher Membranen ausgeführten osmotischen Untersuchungen zu wertvollen Ergebnissen geführt und zu weiteren Spekulationen angeregt.

Die ersten Versuche rühren von TRAUBE her *(Archiv für Anatomie und Physiologie, 1867, S. 87)*. Einer derselben sei hier mitgeteilt. Man bereite sich eine Mischung von 5 cm³ einer 2,8 procentigen Kupferacetatlösung und 0,5 cm³ einer 10 procentigen Bariumchloridlösung, fülle durch Ansaugen eine etwa 5 mm weite Glasröhre mit jener Mischung teilweise an und verschliesse sie oben mittels eines Gummischlauchs und Quetschhahnes. Alsdann senke man sie, bis die Niveaus gleich sind, in ein Gefäss ein, in welchem sich eine 2,4 procentige, mit jener Kupferacetatlösung äquimolekulare Kaliumferrocyanidlösung befindet. An der unteren Öffnung der Röhre bildet sich sehr bald der gallertartige Niederschlag von Kupferferrocyanid, der wie eine Haut jene Öffnung abschliesst. Diese Niederschlagsmembran lässt Wasser, aber fast kein Bariumchlorid hindurch. Es dringt also Wasser in die Glasröhre ein, und die Membran wölbt sich durch den osmotischen Druck, den die Bariumchloridlösung ausübt, in Form einer Blase heraus.

Nach TRAUBE beruht die Semipermeabilität der Kupferferrocyanidmembran darauf, dass letztere wie ein Sieb wirke, dessen Maschen wohl die kleineren Wassermolekeln, nicht aber die grösseren Molekeln der gelösten Substanz passieren lasse. Nun hat TAMMANN *(Ztschr. für phys. Chemie 10, S. 255, 1892)* ermittelt, dass jene Membran für die Chloride und Nitrate von Calcium und Magnesium vollkommen, aber für die entsprechenden Salze des Bariums nur unvollkommen impermeabel ist. Er meint daher, TRAUBES Hypothese widersprechen zu müssen. Nach seiner Ansicht soll das frisch gefällte Kupferferrocyanid eine hydratische Substanz sein, welche gegen gewisse Stoffe als Lösungsmittel zu wirken vermag. Die Molekeln aller derjenigen Substanzen nun, die sich in ihr lösen, sollen imstande sein, die Membran zu passieren, während diejenigen Stoffe, die darin unlöslich sind, zurückgehalten werden sollen.

Um osmotische Versuche mit obiger Niederschlagsmembran in grösserem Massstabe auszuführen, handelte es sich noch darum, der Membran die gehörige Widerstandsfähigkeit zu geben. Es gelang dies PFEFFER *(Osmotische Untersuchungen, Leipzig 1877)* dadurch, dass er die Membran in der Wand einer porösen Thonzelle erzeugte. Die Herstellung einer ge-

hörig festen und zusammenhängenden Membran bietet einige
Schwierigkeit. Sie gelingt um so sicherer, je kleiner die
Dimensionen der Zelle sind. PFEFFER benutzte Zellen, die
nur 4,6 cm hoch und 1,6 cm weit waren. In dem Rand

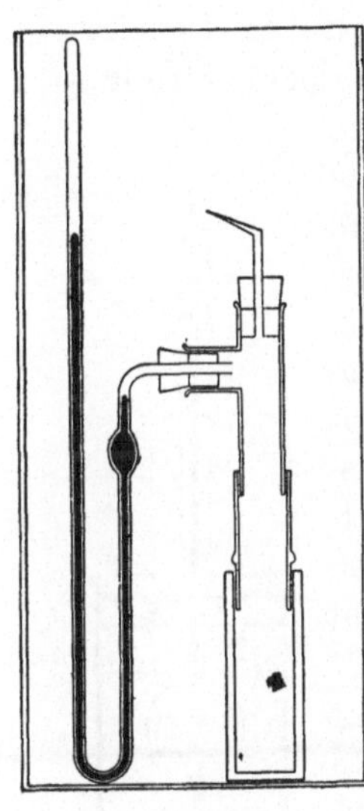

Fig. 17.

der mit einer Membran ausgestatteten
Zelle (Fig. 17) befestigte er ein Verschlussstück aus Glas, brachte in dem
seitlichen Tubus desselben ein Quecksilbermanometer an, dessen freier Schenkel zugeschmolzen war, und senkte den
ganzen Apparat, nachdem er mit der
zu prüfenden Lösung vollständig gefüllt
und fest verschlossen war, in ein grösseres, Wasser enthaltendes Gefäss ein.
Das Quecksilber des Manometers stieg
allmählich in die Höhe. Mehrere Wochen
aber vergingen, ehe es den Maximalstand erreicht hatte. Von diesem Moment an hielt der Druck der im geschlossenen Manometerschenkel komprimierten Luft dem osmotischen Druck
das Gleichgewicht, und PFEFFER war
auf diese Weise imstande, letzteren nach
Atmosphären zu messen, also anzugeben, mit welcher Kraft
die Molekeln des gelösten Körpers auf ein Flächenstück der
Zellwand drücken, welches dem Querschnitt des Manometerrohres gleich ist.

Diese Versuche sind wegen ihrer hohen Bedeutung im
Laufe der Zeit unter mehrfachen Abänderungen des Arrangements wiederholt worden. Letztere gingen wesentlich darauf
hinaus, die Niederschlagsmembran gegen die häufig nach
vielen Atmosphären zählenden Druckkräfte resistenter zu
machen. Man hatte Grund anzunehmen, dass hierdurch eine
vollkommenere Semipermeabilität erreicht werden würde,
und die Möglichkeit geboten wäre, die Untersuchungen auf
eine grössere Zahl von Substanzen auszudehnen. Mit Rücksicht hierauf sei besonders auf die Arbeiten von TAMMANN
(*Ztschr. für physik. Chemie 9, S. 97, 1891*) hingewiesen. Immerhin ist man bis jetzt dem Ziel nur wenig näher gerückt. Gute

Resultate lassen sich nach der Versuchsanordnung von
PRINGSHEIM erwarten, über die aber Ausführliches noch nicht
veröffentlicht ist. So viel bekannt ist, erzeugte er eine sehr
dauerhafte Kupferferrocyanidmembran an der Biegungsstelle
eines U-Rohres in einem Substrat von Gelatine.

Will man die Erscheinungen des osmotischen Druckes
nur qualitativ verfolgen, so benutze man eine glockenförmige,
225 cm³ grosse Glaszelle (Fig. 18), deren untere
7 cm weite Öffnung mit einer Thonplatte, dem
von einer Thonzelle abgesägten und passend
gefeilten Boden, mittels Siegellack fest verschlossen ist. Hat jene Glaszelle stundenlang in
siedendem Wasser gelegen, so dass die Thonplatte mit Wasser injiciert ist, so wird sie mit
einer 3 procentigen Kaliumferrocyanidlösung gefüllt und in ein eine 3 procentige Kupfersulfatlösung enthaltendes Gefäss bis zum gleichen
Niveau eingesenkt. Die Thonplatte muss dicht
schliessen, was man daran erkennt, dass der
braune Kupferferrocyanidniederschlag sich weder
in der Glocke noch in dem Gefäss ausserhalb
derselben zeigt. Die so entstehende Membran
hat nach drei Tagen eine genügende Dicke

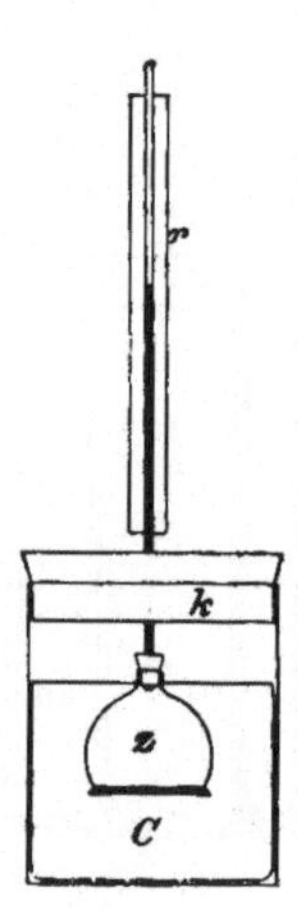

Fig. 18.

erreicht. Die Glocke ist nunmehr ein für alle-
mal für den osmotischen Versuch vorbereitet. Sie wird mit
einer 50 procentigen Rohrzuckerlösung gefüllt und mit einem
Pfropfen verschlossen, durch den ein mit einer Skala versehenes Thermometerrohr r von 1,3 mm lichter Weite gesteckt
ist. In das Lumen desselben wird vorher etwas gepulvertes
Alkaliblau geschüttet, das an den Wandungen der Röhre ad-
häriert und durch die blaue Farbe, die es der Zuckerlösung
erteilt, das Steigen der Flüssigkeit besser erkennbar macht.
Wird nun der Apparat mittels des Korkes k in dem mit
Wasser gefüllten Cylinder C befestigt, so rückt die Flüssigkeit im Thermometerrohr pro Minute durchschnittlich 1 mm
vor. Nach dem Versuch, selbst wenn er fünf Stunden dauert,
zeigt das Wasser des Cylinders C mit FEHLINGscher Lösung
nur Spuren einer Zuckerreaktion.

Statt jener Glocke kann man sich auch einer PUKALLschen Filterzelle bedienen,[1]) deren Wand aus gehörig fester, poröser Porcellanmasse besteht. Eine derartige Zelle von 38 cm³ Inhalt und cylindrischer Form wurde in folgender Weise präpariert. Durch wiederholtes Evakuieren unter der Luftpumpe wurde sie mit Wasser vollständig durchtränkt. Hierauf wurde sie mit einer 3 procentigen Kaliumferrocyanidlösung gefüllt, mit einem höchstens einen Centimeter tief eingesetzten Pfropfen, der mit einer beiderseits offenen Glasröhre versehen war, verschlossen und bis über den Rand in eine 3 procentige Kupfersulfatlösung getaucht. Nach sieben Tagen hatte sich ungefähr in der Mitte der Zellwand eine genügend feste Kupferferrocyanidmembran gebildet. Zu einem osmotischen Versuch fülle man die so vorbereitete Zelle mit einer 50 procentigen Zuckerlösung und verschliesse sie mit einem möglichst tief einzudrückenden Gummipfropfen. Letzterer ist, wie bei dem durch die Figur 19 dargestellten, zum folgenden Versuch gehörenden Apparat, mit einem ⊢förmigen Glasaufsatz S zu versehen. In dem seitlichen Tubus T desselben ist mittels eines Gummipfropfens das mit der Kugel k und dem Trichterchen t sowie mit einer Skala ausgestattete Manometerrohr M befestigt, welches in beiden Schenkeln eine Indigolösung enthält. Das Rohr S ist nun ebenfalls mit Zuckerlösung zu füllen und mit einem Pfropfen p fest zu verschliessen. Um aber hierbei jedwedes Luftbläschen zu beseitigen, steckt man durch p ein Glasröhrchen r und schmelzt das kapillare Ende desselben in der Flamme eines Bunsenschen Brenners zu. Wird nun die Zelle bis über den Rand in einen Wasser enthaltenden Cylinder gesenkt, so steigt die Indigolösung im Manometerrohr pro Minute durchschnittlich 10 mm, wenn das Lumen dieses Rohres 0,79 mm weit ist. Die osmotische Wasseraufnahme erfolgt also etwa viermal so schnell als bei dem vorigen Versuch.

Die mit einer Niederschlagsmembran ausgestattete Pukallsche Zelle scheint auch für quantitative osmotische Versuche brauchbar zu sein. Als nämlich eine nur 1 procentige Zuckerlösung in den Apparat gebracht, und das Mano-

---

[1]) Dieselbe ist zu erhalten in der Kgl. Porzellan-Manufaktur, Berlin, Leipzigerstr. 2. Preis M. 0,75.

meter mit Quecksilber gefüllt wurde, stieg letzteres innerhalb
mehrerer Wochen bis zu einer Höhe, die dem von PFEFFER
gefundenen Druckwerte sehr nahe kam. Im Wasser ausserhalb der Zelle war keine Spur von Zucker zu entdecken.

Folgende schon von PFEFFER (l. c. S. 12) empfohlene Versuchsanordnung eignet sich zwar nicht zur Druckmessung, hat
aber den Vorzug, sich leicht und schnell ausführen zu lassen. Anstatt der Thonzelle bediene man sich eines 12 cm langen und 2,5 cm
weiten Glasrohres R (Fig. 19). Der untere
umgelegte und abgeschliffene Rand desselben
wird mit Compoundmasse oder Schellack bestrichen und mit festem Pergamentpapier H
dicht überbunden. In letzterem wird dann
auf die angegebene Weise die Niederschlagsmembran hervorgerufen. Im übrigen ver-
fährt man, wie schon oben dargestellt ist,
und befestigt schliesslich das Glasrohr R mittels eines Korkes in dem Halse der mit Wasser
gefüllten Flasche F. Nur ist noch zu bemerken,
dass man, um die in der Niederschlagsmembran
während des Versuchs etwa entstehenden Schä-
den auszubessern, der Zuckerlösung $0,1\,°/_0$
Kaliumferrocyanid und dem Wasser die äquivalente Menge von $0,09\,°/_0$ Kupfernitrat hinzuzufügen hat. Je nach der Dicke der Niederschlagsmembran fällt die Geschwindigkeit, mit
welcher die Manometerflüssigkeit steigt, etwas
verschieden aus. Nach einer dreitägigen Einwirkung der Kupfersulfat- und Kaliumferrocyanidlösung hob sich der Flüssigkeitsfaden
des Manometers in einer Minute durchschnitt-

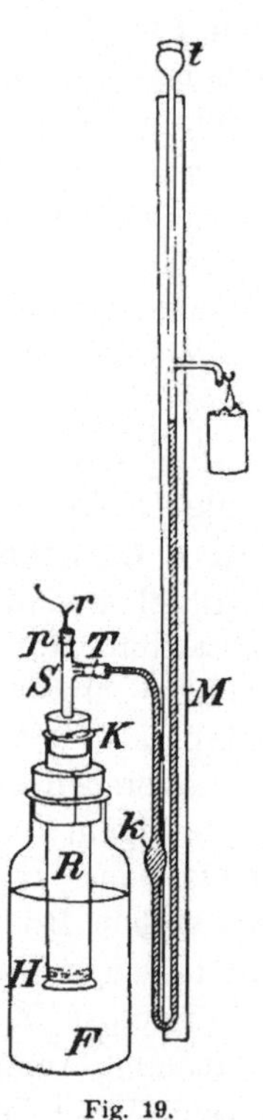

Fig. 19.

lich 1 bis 2 mm. Bei Benutzung eines nicht präparierten
Pergamentpapieres steigt die Flüssigkeit im Manometer anfangs
zwar etwa doppelt so schnell; aber es tritt Zucker aus der
Zelle aus, was für die Dauer von ungefähr zwei Stunden nicht
geschieht, wenn das Papier mit der Niederschlagsmembran
versehen ist, und ausserdem ist die maximale Steighöhe im
Manometerrohr geringer.

Die genaueren PFEFFERSCHEN Messungen des osmotischen Druckes der Lösungen führten zu den beiden Gesetzen, dass der osmotische Druck einer Lösung sowohl der Koncentration als der absoluten Temperatur proportional ist. Bezeichnet P den osmotischen Druck in Atmosphären, c den Procentgehalt, t die Celsiusgrade, T die absolute Temperatur und a eine von dem Molekulargewicht der gelösten Substanz abhängige Konstante, welche den osmotischen Druck bei 0^0 und der Koncentration von $1\,^0/_0$ angiebt, so ist

$$P = a \cdot c\,(1 + 0{,}00366\,t) = a\,c\,\frac{T}{273}\,.$$

Für Rohrzucker ist nach PFEFFER $a = 0{,}649$ Atm.

VAN 'T HOFF war nun der erste, der auf die Analogie dieser Gesetze mit denen von BOYLE-MARIOTTE und GAY-LUSSAC hinwies *(Ztschr. für physik. Chemie, 1887, S. 481).*

Die beiden Gasgesetze werden meistens durch die gemeinsame Gleichung

$$p\,v = p_0 v_0\,(1 + 0{,}00366\,t) = p_0 v_0\,\frac{T}{273}$$

ausgedrückt, in welcher p_0 den Gasdruck von 76 cm Queck-silber, v_0 das Volumen bei 0^0, und p und v den beobachteten Druck und das zugehörige Volumen bei t_0 angeben.[1] Indessen ist jetzt in der allgemeinen Chemie eine noch vorteilhaftere Gleichung gebräuchlich. Da jene beiden Gesetze für alle idealen Gase gelten, also von der chemischen Zusammensetzung derselben unabhängig sind, so stellte bekanntlich AVOGADRO den Satz auf: gleiche Volumina aller Gase enthalten unter den gleichen Bedingungen des Druckes und der Temperatur eine gleiche Anzahl von Molekeln, einen Satz, der sich nicht bloss durch die zahllosen Molekulargewichtsbestimmungen bewährt hat, sondern auch von den Gesetzen der Thermodynamik direkt gefordert wird. 1 Liter Wasserstoff wiegt bei 0^0 und 76 cm

---

[1] Zur Demonstration der Gasgesetze sei auf einen sehr geeigneten Apparat in LORSCHEIDS *Lehrbuch der anorganischen Chemie, 1887, S. 8* verwiesen.

Quecksilberdruck 0,08956 g; und 1 g-Molekel, d. h. 2 g Wasserstoff, nimmt somit unter den normalen Verhältnissen den Raum von 22,38 Litern ein. Nach der AVOGADROschen Regel müssen daher die normalen Volumina sämtlicher Gase 22,38 Liter betragen, falls sie die in Grammen ausgedrückte Molekulargewichtsmenge enthalten. Geht man nun nach HORSTMANN in der Gasformel $pv = p_0 v_0\,T/273$ von dem g-Molekelvolumen $v_0 = 22,38$ Liter $= 22380$ cm^3 aus und berücksichtigt, dass 76 cm^3 Quecksilber 1033,3 g wiegen, misst also p nach Grammen und v nach Kubikcentimetern, so nimmt jene Formel die einfachere Gestalt

$$pv = \frac{1033,3 \cdot 22380 \cdot T}{273} = 84700\,T\ \text{g.cm,}$$

oder wenn man p nach Atmosphären und v nach Litern misst, die Gestalt

$$pv = \frac{22,38 \cdot T}{273} = 0,0819\,T\ \text{Liter-Atmosphären,}$$

wenn 1 Liter-Atmosphäre $= 1033,3 \cdot 100 \cdot 10$ g . cm
$\qquad\qquad\qquad\qquad = 103,33$ kg . dcm, ist,
oder endlich, da 42750 g . cm $= 1$ g-cal sind, die Gestalt

$$pv = \frac{84700 \cdot T}{42750} = 2\,T\ \text{g-cal}$$

an. Die Gleichung für pv in der einen oder anderen Form, die sich allgemein

$$pv = RT$$

schreiben lässt, umfasst nun nicht bloss die beiden Gasgesetze, sondern schliesst in sich auch die AVOGADROsche Regel ein. Es wird von ihr beim stöchiometrischen und thermodynamischen Rechnen vielfach Gebrauch gemacht.

Folgende Beispiele mögen die Anwendbarkeit jener Gasgleichung darthun.

a) Um zu berechnen, welches Volumen in Litern 5 g Wasserstoff bei 72 cm Quecksilberdruck und 27^0 erfüllen, bestimme man zunächst das Volumen von 2 g Wasserstoff

$$v = \frac{0{,}0819 \cdot (273 + 27)}{72/76},$$

woraus sich das von 5 g Wassterstoff

$$= \frac{0{,}0819\,(273 + 27)}{72/76} \cdot \frac{5}{2} = 64{,}837 \text{ Liter}$$

ergiebt.

b) Soll das Gewicht von 80 Litern Kohlendioxyd bei 78 cm Barometerdruck und 30^0 gefunden werden, so ermittele man das Molekularvolumen (44 g CO_2) bei 78 cm und 30^0

$$v = \frac{0{,}0819\,(273 + 30)}{78/76}$$

und nach der Proportion $v : 44 = 80 : x$ das zu suchende Gewicht

$$x = \frac{78}{0{,}0819\,(273 + 30)} \cdot 80 \cdot 44 = 145{,}5 \text{ g.}$$

c) Welche Arbeit leistet 1 kg Sauerstoff, wenn es bei Atmosphärendruck um 100^0 erwärmt wird? 1 kg Sauerstoff enthält $1000/32 = 31{,}25$ g-Mol. Folglich beträgt die Arbeit

$$84700 \cdot 31{,}25 \cdot 100 = 264687500 \text{ g} \cdot \text{cm}$$
$$= 2646 \text{ kg} \cdot \text{m,}$$
$$\text{oder } 0{,}0819 \cdot 31{,}25 \cdot 100 = 256 \text{ Liter-Atmosphären,}$$
$$\text{oder } \quad 2 \cdot 31{,}25 \cdot 100 = 6187 \text{ g} \cdot \text{cal.}$$

Jene Gasgleichung leistete nun auch VAN 'T HOFF bei seinen weiteren Spekulationen über den osmotischen Druck ganz ausserordentliche Dienste. Es ergab sich zwischen diesem Druck P und dem Gasdruck p eine überraschend nahe Beziehung, indem er die Formel $pv = 0{,}0819\,T$ Liter-Atm. auf die PFEFFERschen Resultate anwendete. Den osmotischen Druck $P = 0{,}649$ Atm., den eine 1procentige Rohrzuckerlösung bei 0^0 ausübt, setzte er in jene Gleichung für p ein. Da ferner 100 g Wasser, wenn darin 1 g Zucker gelöst wird, den Raum von $100{,}6$ cm^3 einnehmen, so würde 1 g-Mol. $= 342$ g Zucker in $100{,}6 \cdot 342$ cm$^3 = 34{,}4$ Litern einer 1procentigen Lösung enthalten sein. Dieses Volumen setzte er für v und fand $R = 0{,}649 \cdot 34{,}4/273 = 0{,}0818$ Liter-Atm., also fast denselben Wert wie derjenige der Gasgleichung. Andererseits berechnete er den Druck eines Gases, dessen Volumen mit einer 1 procentigen Rohrzuckerlösung äquimolekular ist, also in 34,4 Litern ebenfalls 1 g-Mol. enthält, bei denjenigen Temperaturen, bei denen PFEFFER die osmotischen Drucke bestimmt hatte. In Tabelle IV sind die Werte der beiden Drucke zusammengestellt.

Tab. IV.

Temperatur T	Gasdruck in Atm. berechnet nach $p = \dfrac{0{,}0819}{34{,}4} T$	Osmot. Druck P in Atm. gefunden von PFEFFER
273,0	0,650	0,649
279,8	0,667	0,664
286,8	0,683	0,686
288,5	0,687	0,691

Tab. V.

Procente der Zuckerlösung	V die Anzahl Liter, in denen 1 g-Mol. Zucker	Gasdruck berechnet nach $p = \dfrac{0{,}0819 \cdot 288}{V}$ Atm.	Osmot. Druck P in Atm. gefunden von PFEFFER
1	34,4	0,687	0,691
2	17,3	1,349	1,337
4	8,8	2,667	2,739
6	5,9	3,956	4,046

In der Tabelle V sind neben den bei 15^0 $(T = 288)$ und verschiedenem Procentgehalt der Zuckerlösung von PFEFFER bestimmten osmotischen Drucken P die für 15^0 berechneten Drucke p äquimolekularer Gasvolumina verzeichnet. Die Übereinstimmung der Grössen p und P in beiden Tabellen ist evident, und dasselbe hat sich auch für andere

Substanzen ausser Rohrzucker, soweit der osmotische Druck ihrer Lösungen experimentell ermittelt wurde, herausgestellt.

Die Gasgleichung $pv = 0{,}0819\,T$ Liter-Atm. hat somit auch unmittelbar für Lösungen Gültigkeit, wenn anstatt des Gasdrucks p (in Atm.) der osmotische Druck P, und anstatt des Gasvolumens v (in Litern) das Volumen V der Lösung tritt, nämlich die Anzahl Liter, welche 1 g-Mol. der Substanz enthalten. Auf Grund dieser Übereinstimmung kam VAN'T HOFF zu dem Schluss: der osmotische Druck ist gleich dem Gasdruck, den man beobachten würde, wenn man sich das Lösungsmittel entfernt denkt und annimmt, dass die gelöste Substanz in Gasgestalt bei der gleichen Temperatur den gleichen Raum als die Lösung ausfüllt, oder mit anderen Worten: Die Molekeln einer gelösten Substanz üben bei osmotischen Vorgängen gegen eine semipermeable Membran denselben Druck aus, mit welchem sie in Gasform bei der nämlichen Koncentration und der nämlichen Temperatur auf die Wände der gewöhnlichen Gefässe drücken würden.

Indem so VAN'T HOFF auf Grund der PFEFFERSCHEN Versuche die AVOGADROsche Regel auf die Lösungen ausdehnte, bestätigte er das Gesetz von DE VRIES, nach welchem der osmotische Druck nicht durch die Qualität der Molekeln der gelösten Substanz, sondern nur durch die Anzahl derselben bedingt wird, und knüpfte hieran ferner die Folgerung, dass unter normalen Verhältnissen eine Substanz (Nichtelektrolyt) durch den Vorgang der Lösung in Einzelmoleküle zerlegt wird.

Auch in energetischer Beziehung müssen sich die Lösungen wie die Gase verhalten. Es muss also infolge der durch das Produkt $P \cdot dV$ gemessenen Änderung der Volumenergie einer Lösung dieselbe Arbeit geleistet werden, wie von einem äquimolekularen Gasvolumen unter entsprechenden Verhältnissen des Druckes und der Temperatur. Hierauf beruht überhaupt die Messung des osmotischen Drucks durch den PFEFFERSCHEN Apparat, insofern die Luft im geschlossenen Schenkel des Manometers so weit komprimiert, und im offenen Manometerschenkel das Quecksilber so hoch gehoben wird, bis der so entstehende Gegendruck dem osmotischen Druck gleich kommt. Im ersteren Fall findet eine blosse Verschiebung der Volumenergie, im zweiten eine Verwandlung der Volumenergie in Distanzenergie statt. In einem offenen Manometerschenkel würde eine 1procentige Rohrzuckerlösung eine Steigung derselben um 6,7 m veranlassen. Betrüge der Querschnitt dieses Schenkels 1 cm², so würde diese osmotische Arbeit 670.981.670/2 = 219000 Erg sein, denn 1 cm³ setzt der Hebung einen Widerstand von 981 Dynen entgegen, und der mittlere Weg ist 670/2 cm. Würde man unterhalb dieser Höhe jenen Schenkel mit einem seitlichen Ausflussrohr versehen, so würde aus demselben so lange Flüssigkeit ausfliessen, bis die Lösung in der Zelle durch die Wasseraufnahme so verdünnt wäre, dass ihrem osmotischen Druck durch den hydrostatischen Druck der Flüssigkeitssäule des Manometers das Gleichgewicht gehalten würde. Auf diese Weise könnte der Apparat als Wasserhebungsmaschine arbeiten (s. Fig. 19 das Eimerchen am seitlichen Zweigrohr des Manometers).

Noch anschaulicher wird die Wirkung des osmotischen Druckes und somit auch die Analogie desselben mit dem Gasdruck, wenn man sich nach VAN'T HOFF folgende Vorrichtung konstruiert denkt. In einem vertikalen, unten geschlossenen und oben offenen Glasrohr befinde sich eine auf und ab bewegliche, dicht schliessende, aus einer semipermeablen Masse bestehende Querwand. Oberhalb derselben sei Wasser, während der Raum unter ihr von einer Lösung eingenommen werde. Wäre nun der Druck der Wassersäule grösser als der osmotische Druck der Lösung, so würde sich die Querwand senken, und die Lösung würde koncentrierter. Wäre er geringer, so würde sie sich heben, und die Lösung würde mehr Wasser aufnehmen, also verdünnt werden. In beiden Fällen würde die Verschiebung der Querwand so lange stattfinden, bis ein osmotischer Druck hergestellt wäre, der durch den Druck der Wassersäule eben kompensiert würde.

Die Arbeitsfähigkeit einer Lösung ist also gerade so wie die eines Gasvolumens um so grösser, je mehr das Volumen verkleinert, d. h. je koncentrierter die Lösung gemacht wird. Dieselbe Arbeit aber, welche der osmotische Druck einer Lösung leistet, falls der letzteren Gelegenheit geboten wird, durch eine semipermeable Wand Lösungsmittel aufzunehmen, muss aufgewendet werden, um den früheren Koncentrationsgrad wiederherzustellen. Zwar kann diese bei der Koncentrierung einer Lösung aufzuwendende Arbeit durch einen osmotischen Versuch direkt nicht gemessen werden, weil jene VAN'T HOFFsche Vorrichtung nicht ausführbar ist. Wohl aber kann die Messung indirekt durch die Vorgänge des Siedens und Gefrierens, die überhaupt eine genauere Bestimmung des osmotischen Druckes ermöglichen (s. 3. u. 4. Kapitel), gemacht werden.

Was die Grösse des osmotischen Druckes anbetrifft, so muss es auffallen, dass derselbe schon bei verdünnten Lösungen hohe Werte aufweist. Beträgt er doch bei einer 5 procentigen Rohrzuckerlösung von 0^0 schon $5 . 0,649 = 3,2$ Atm., und berechnet man den osmotischen Druck einer etwa halb gesättigten Ammoniaklösung, welche auf $100\ cm^3$ ungefähr $51\ g\ NH_3$, also in 0,033 Litern $17\ g = 1\ g\text{-Mol.}\ NH_3$ enthält, so ergiebt sich bei 0^0 nach der Gleichung $0,033\ P = 0,0819 . 273$ sogar der Wert von 671 Atm. Wenn dennoch die Gefässe, in denen man solche Lösungen aufbewahrt, nicht zersprengt werden, so liegt dies daran, dass der nach Tausenden von Atmosphären berechnete Binnendruck die einzelnen Teilchen dieser Flüssigkeiten zusammenhält. Der osmotische Druck könnte erst dann zur Geltung kommen und eventuell die Wände der Gefässe zertrümmern, falls diese semipermeabel wären, und man die Gefässe in das Lösungsmittel einsenken würde (s. OSTWALD, *Lehrbuch der allg. Chemie I, S. 673, 1891*).

Wie der osmotische Druck überhaupt zustande kommt, ist eine noch wenig erörterte Frage. Die Aufstellung einer kinetischen Theorie der Lösungen bleibt daher der Zukunft noch vorbehalten.

2. Kapitel.

Der Dampfdruck der Lösungen.

Der maximale Dampfdruck einer Flüssigkeit lässt sich leicht nach DALTON in Millimetern Quecksilber messen. Man hat nur nötig, eine etwa 80 cm lange und 1 cm weite Glasröhre mit luftfreiem Quecksilber zu füllen, sie in einer Quecksilberwanne umzukehren und alsdann in ihr ein ungefähr 1 cm³ grosses Fläschchen aufsteigen zu lassen, welches ganz mit der zu prüfenden Flüssigkeit gefüllt und mit einem lose aufgesetzten Glasstöpsel verschlossen ist. Letzterer wird, wenn das Fläschchen in das barometrische Vakuum gelangt, abgeworfen. Ein Teil der Flüssigkeit verdampft, und der Druck dieses Dampfes drückt das Quecksilber um eine bestimmte Anzahl von Millimetern herab, welche die maximale Dampfspannung der Flüssigkeit bei der Temperatur des Versuchs angiebt. Mit der Ablesung des Quecksilberstandes hat man etwa 10 Minuten zu warten, und ferner ist es nötig, durch wiederholtes Neigen der Röhre ihre Wände gehörig zu benetzen. Die Grösse des barometrischen Vakuums kommt für den gemessenen Dampfdruck nicht wesentlich in Betracht. Sie würde nur das Quantum des entstehenden Dampfes variieren, dessen Gesamtgewicht aber den Stand des Quecksilbers nicht beeinflusst. Das Resultat ist indessen unbrauchbar, wenn das Barometerrohr nicht völlig luftleer bleibt, sowie wenn die in Frage kommende Flüssigkeit Verunreinigungen enthält.

Der Wert der maximalen Dampfspannung einer Flüssigkeit ist ein Mass für die Flüchtigkeit derselben. Bei 16° beträgt sie für Wasser nur 13,5, für Äther dagegen 374 mm.

Die im Barometerrohr gemessene Depression des Quecksilbers fällt nun geringer aus, wenn in der Flüssigkeit eine Substanz gelöst ist. Die sich auf die Dampfdruckverminderung der Lösungen beziehenden Gesetze sind am Ende des vorigen Jahrzehnts von RAOULT in Grénoble experimentell ermittelt *(Ztschr. für physik. Chemie, 1888, S. 353).* Die Arbeiten dieses Forschers waren deshalb erfolgreicher als die seiner Vorgänger (WÜLLNER, BABO), weil er von den flüchtigeren Lösungsmitteln ausging und vor allem die Lösungen indifferenter, den galvanischen Strom nicht leitender Substanzen, deren eigner Dampfdruck minimal ist, berücksichtigte.   Auf Grund der nach der barometrischen Methode ausgeführten Versuche war RAOULT zu folgenden Sätzen gelangt.

1. Die relative Dampfdruckverminderung $(p - p_1)/p$, wenn p und p_1 die Dampfdrucke des reinen Lösungsmittels bezw. der Lösung bezeichnen, ist von 0^0 bis 20^0 von der Temperatur unabhängig.

2. Sie wächst der Menge der gelösten Substanz proportional, falls die Koncentrationen nicht zu gross sind.

3. Bezieht man sie diesem Proportionalitätsgesetz gemäss auf 1 g-Mol. Substanz, das in 100 g Lösungsmittel gelöst wäre, so erhält man die molekulare Dampfdruckverminderung

$$\frac{p - p_1}{p} \cdot \frac{m}{l},$$

wenn l die zum Versuch verwendete Substanz in Grammen, und m ihr Molekulargewicht ist. Die molekulare Dampfdruckverminderung ist für die Lösungen der verschiedenen Substanzen, die mit dem nämlichen Lösungsmittel hergestellt sind, konstant, also wie auch der osmotische Druck nur durch die vorhandene Anzahl der Molekeln der gelösten Substanzen bedingt.

4. Berechnet man, indem man die Gewichtsmengen der Substanz und des Lösungsmittels durch die zugehörigen Molekulargewichte dividiert, die Anzahl n und N der Molekeln beider, so besteht für alle Lösungsmittel die Gleichung

$$\frac{p - p_1}{p} = \frac{n}{N + n},$$

d. h. die relative Dampfdruckverminderung ist für alle Lösungsmittel gleich dem Verhältnis der Anzahl der Molekeln der Substanz zu der Gesamtzahl der in der Lösung vorhandenen Molekeln.

Falls man auf genauere Bestimmungen des Dampfdruckes, wie sie RAOULT unter Anwendung sehr sorgfältig gereinigter

Materialien, sowie durch kathetometrische Ablesung des Quecksilberstandes und Korrektion desselben erhielt, verzichten will, lässt sich jenes zweite Gesetz, auf das es wesentlich ankommt, durch den nächsten Versuch veranschaulichen. Man fülle vier gleich lange, mit Millimeterskalen versehene Barometerröhren R_1, R_2, R_3 und R_4 (Fig. 20) mit gut gereinigtem Quecksilber und befestige sie gleich weit entfernt in umgekehrter Stellung in einer Wanne W. Waren die Luftbläschen gänzlich beseitigt, so müssen die Quecksilberniveaus gleich sein. Alsdann bringe man in drei Fläschchen F von beistehender Form, wie sie zur Hofmannschen Dampfdichtebestimmung dienen, reinen Äther bezw. Lösungen von 12,2 und 24,4 g Benzoesäure auf 100 g Äther. Die Füllung lässt sich am besten in der Weise bewerkstelligen, dass man die Fläschchen an einem Platindraht in die in der Wägeflasche befindlichen Flüssigkeiten einsenkt und sie, nachdem die letzteren eingedrungen sind, schnell mit dem Stöpsel verschliesst. Sind sie äusserlich durch Aufspritzen von Äther gut gereinigt, so lasse man sie der Reihe nach mit dem Stöpsel nach unten in drei jener Röhren, R_2, R_3 und R_4 aufsteigen. Die vierte Röhre R_1 bleibt zur Messung des Luftdrucks reserviert. Nach einiger Zeit haben sich die Quecksilberniveaus konstant eingestellt, und es zeigt sich, dass dieselben, wenn man sie sich durch Linien verbunden denkt, sämtlich in einer geneigten Geraden liegen, wie es die im zweiten Gesetz ausgesprochene Proportionalität verlangt. Obwohl die an den Skalen direkt abgelesenen Zahlen nur als Näherungswerte gelten können, sind sie doch geeignet, zum Verständnis der Raoultschen

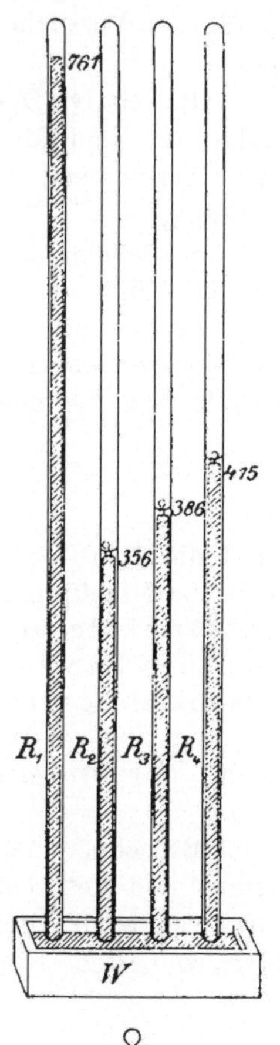

Fig. 20.

Tab. VI.

1	2	3	4	5	6	7
Lösungsmittel	Gelöste Substanz	Versuchs-tempe-ratur	Baro-meter-stand	p	p_1	$\dfrac{p - p_1}{p}$
I. Äther 100 g ⎫	Benzoësäure 12,2	17,75	761	405	375	0,0740
II. „ „ ⎭	„ 24,4	17,75	761	405	346	0,1456
III. „ „ ⎫	Salicylsäure 13,8	19,00	755	420	388	0,0762
IV. „ „ ⎭	„ 27,6	19,00	755	420	355	0,1547
V. Benzol 100 g	Naphtalin 12,8	21,00	758	85,5	79	0,0762

Gesetze beizutragen. Sie mögen daher nebst den Daten zweier anderen Versuche und den sich anschliessenden Berechnungen in der Tabelle VI Platz finden.

Die Zahlen in den Kolumnen 7 und 8 lassen das zweite bezw. dritte Gesetz von Raoult annähernd erkennen. Auch stimmen die in der Kolumne 9 mit denen in 7 leidlich überein, wie es das vierte Gesetz fordert. Die Zahlen der Kolumne 10 sind durch Division der Werte der molekularen Dampfdruckverminderung durch das Molekulargewicht des Lösungsmittels (74 für Äther, 78 für Benzol) erhalten. Sie geben also die relative Dampfdruckverminderung für den Fall an, dass 1 g-Mol. Substanz in 100 g-Mol. Lösungsmittel gelöst wäre, und gleichen für beide Lösungsmittel fast dem Wert $1/(100 + 1) = 0,00999$.

Auf Grund der Formel $(p - p_1)/p = n/(N + n)$ kann nach Raoult das Molekulargewicht der gelösten Substanz berechnet werden, und insofern sind die Dampfdruckmessungen geeignet, als Kontrolle der Molekulargewichtsbestimmungen zu dienen. Bezeichnet nämlich M das Molekulargewicht des Lösungsmittels, und L die in der Lösung vorhandene Menge desselben in Grammen, so ist

$$\frac{p - p_1}{p} = \frac{1/m}{L/M + 1/m} = \frac{1M}{Lm + 1M},$$

folglich

$$m = M\frac{1}{L}\frac{p_1}{p - p_1}.$$

Tab. VI.

8	9	10	11	12
$\dfrac{p-p_1}{p}\cdot\dfrac{m}{l}$	$\dfrac{n}{N+n}$	$\dfrac{1}{74\,(78)}\cdot\dfrac{p-p_1}{p}\cdot\dfrac{m}{l}$	Molekulargewicht berechnet $m=M\cdot\dfrac{1}{L}\cdot\dfrac{p_1}{p-p_1}$	sonst ge-funden
0,740	0,0689	0,00999	113	122
0,728	0,1289	0,00984	106	122
0,762	0,0689	0,01030	124	138
0,773	0,1289	0,01040	112	138
0,762	0,0723	0,00977	121	128

In der Kolumne 11 stehen die aus den Versuchsdaten für Benzoesäure, Salicylsäure und Naphtalin berechneten Molekulargewichte.

Da für äquimolekulare Lösungen desselben Lösungsmittels sowohl der osmotische Druck als auch die relative Dampfdruckverminderung konstant sind, so ist anzunehmen, dass beide Grössen in kausalem Zusammenhang mit einander stehen. In der That hat VAN'T HOFF durch eine thermodynamische Rechnung das eine Gesetz von dem anderen abgeleitet.

Auf einfacherem Wege hat OSTWALD (*Lehrbuch der allgemeinen Chemie, 1891, I, S. 728*), einer Betrachtungsweise von ARRHENIUS folgend, aus dem Gesetz des osmotischen Druckes das RAOULTsche Gesetz entwickelt. Es möge gestattet sein, seine Deduktionen hier kurz wiederzugeben. Eine Glocke g (Fig. 21), die unten mit einer semipermeablen Membran m abgeschlossen und oben mit einem 1 cm weiten Steigrohr versehen ist, enthalte eine Lösung aus N g-Mol. Lösungsmittel und n g-Mol. Substanz und sei in ein mit dem reinen Lösungsmittel gefülltes Gefäss F bis f eingesenkt. Man stelle sich ferner vor, dass der ganze Apparat auf eine Platte A gesetzt und mit einer Glocke G überdeckt sei, und dass im Innern derselben ein Vakuum erzeugt würde. Infolge des osmotischen Vorganges möge die Lösung im Steigrohr bis zum

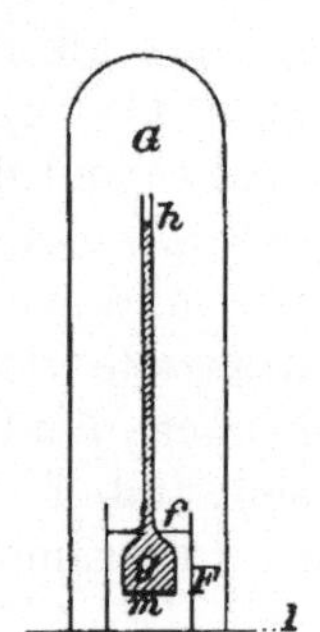

Fig. 21.

Punkte h steigen. Der osmotische Druck ist dann nach der Gleichung

$$P = \frac{nRT}{V},$$

wo $R = 84700$ ist, wenn P in Grammen und V in Kubikcentimetern gemessen wird. Ist nun M das Molekulargewicht des Lösungsmittels, so wiegt die Lösung, da das Gewicht der Substanz wegen des als gering anzunehmenden Koncentrationsgrades zu vernachlässigen ist, MN Gramm, und ist s das specifische Gewicht derselben, welches dem des Lösungsmittels sehr nahe kommt, so muss $V = MN/s$ cm^3 sein. Mithin ist

$$P = \frac{nsRT}{MN}.$$

Giebt ferner H die Strecke fh in cm an, so ist $P = Hs$, und folglich

$$H = \frac{nRT}{MN}.$$

Soll aber der Apparat im Gleichgewicht sein, so ist der Dampfdruck p_1 der Lösung im Punkte h gleich dem Dampfdruck p des Lösungsmittels vermindert um das Gewicht der Dampfsäule fh von 1 cm^2 Querschnitt. Mithin ist, wenn d das Gewicht eines Kubikcentimeters Dampf bedeutet, $p_1 = p - Hd$ oder $p - p_1 = Hd$. Es wiegen nun v cm^3 Dampf M g, wenn v das Molekularvolumen des Lösungsmittels in Dampfform ist. Also wiegt 1 cm^3 Dampf M/v g, oder, da die Gasgleichung $pv = RT$ anwendbar ist, so ist

$$d = \frac{Mp}{RT}.$$

Setzt man schliesslich in die Gleichung $p - p_1 = Hd$ die Werte für H und d ein, so ergiebt sich

$$p - p_1 = \frac{nRT}{MN} \cdot \frac{Mp}{RT} = \frac{n}{N} p \quad \text{oder}$$

$$\frac{p - p_1}{p} = \frac{n}{N}.$$

Dies ist aber die von RAOULT empirisch gefundene Gleichung unter der Voraussetzung, dass n gegen N sehr klein, die Lösung also sehr verdünnt ist.

Für endliche Koncentrationen hat H einen bedeutend hohen Wert, und es darf daher, weil d nach H sich ändert, der Druck π der Dampfsäule von der Höhe H nicht ohne weiteres $= \mathrm{H}d$ gesetzt werden. Vielmehr ist $\partial\pi = d . \partial\mathrm{H}$, oder da $d = \mathrm{M}\pi/\mathrm{RT}$ ist, so ist

$$\frac{\mathrm{RT}}{\mathrm{M}} \cdot \frac{\partial\pi}{\pi} = \partial\mathrm{H}.$$

Integriert man diese Gleichung von 0 bis H, so ist

$$\mathrm{H} = \frac{\mathrm{RT}}{\mathrm{M}} \ln \frac{\pi_0}{\pi_\mathrm{H}},$$

und hierin ist $\pi_0 = p$ und $\pi_\mathrm{H} = p_1$. Aus dem osmotischen Druck hatte man aber

$$\mathrm{H} = \frac{n\mathrm{RT}}{\mathrm{MN}}$$

gefunden. Folglich ist

$$\frac{\mathrm{RT}}{\mathrm{M}} \ln \frac{p}{p_1} = \frac{n\mathrm{RT}}{\mathrm{MN}} \quad \text{oder}$$

$$\ln \frac{p}{p_1} = \frac{n}{\mathrm{N}}.$$

Nun aber ist

$$\ln \frac{p}{p_1} = \ln\left(1 + \frac{p - p_1}{p_1}\right) = \frac{p - p_1}{p_1} - \frac{1}{2}\left(\frac{p - p_1}{p_1}\right)^2$$
$$+ \ldots = \frac{p - p_1}{p_1}.$$

Somit ergiebt sich

$$\frac{p - p_1}{p_1} = \frac{n}{\mathrm{N}}, \quad \text{oder}$$

$$\frac{p - p_1}{p} = \frac{n}{\mathrm{N} + n}.$$

Es ist also die empirische Formel von RAOULT auch theoretisch begründet, und andererseits die Richtigkeit der Formel $\mathrm{PV} = \mathrm{RT}$, von welcher jene Betrachtung ausging, aufs neue bestätigt.

3. Kapitel.

Siedepunkt und Gefrierpunkt der Lösungen.

Beim Sieden einer Lösung verdampft nur das Lösungsmittel und nicht die gelöste Substanz, wofern der Siedepunkt derselben ungefähr 130^0 höher liegt als der des Lösungsmittels. Beim Gefrieren einer Lösung scheidet sich immer nur das Lösungsmittel in fester Form aus, falls die Lösung nicht zu koncentriert ist. Erwägt man nun, dass der Dampfdruck einer Lösung stets geringer ist, als der des Lösungsmittels, so ergiebt sich ohne weiteres, dass eine Lösung bei einem höheren Temperaturgrad sieden und bei einem tieferen gefrieren muss, als das reine Lösungsmittel. Denn beim Siedepunkt des Lösungsmittels vermag der Dampfdruck der Lösung den Druck der Luft noch nicht zu überwinden. Damit dies möglich ist, also die Lösung siedet, muss sie bis zu einem höheren Temperaturgrad erhitzt werden. Ferner kann die Lösung erst dann gefrieren, wenn ihr Dampfdruck dem Dampfdruck des festen Lösungsmittels gleich ist. Diese Bedingung ist aber erst bei einer Temperatur erfüllt, welche tiefer liegt als der Gefrierpunkt des reinen Lösungsmittels. Steht somit der Dampfdruck einer Lösung in innigster Beziehung zu ihrer Siedepunktserhöhung und Gefrierpunktserniedrigung, so wird sich auch erwarten lassen, dass den RAOULTschen Gesetzen des Dampfdrucks gemäss jene beiden Grössen proportional der Koncentration zunehmen und für äquimolekulare, mit dem nämlichen Lösungsmittel bereitete Lösungen gleichen Wert haben.

In der That hat der Versuch zu diesem Ergebnis geführt, und namentlich gelang es wiederum RAOULT, dieses Problem experimentell zu lösen, indem er vor allem die Lösungen organischer Körper in organischen Lösungsmitteln untersuchte und die Resultate auf molekulare Mengen bezog.

Den Siedepunkt der Lösungen kann man annähernd mittels eines sehr einfachen Apparates ermitteln, der von BERTHELOT (*Praktische Anleitung zur Ausführung thermochemischer Messungen, Leipzig 1893, S. 62*) angegeben und in der Fig. 22, die einer besonderen Erläuterung nicht bedarf, dargestellt ist.

Indessen sind, da die Siedepunkts- sowie auch die Gefrierpunktsmethode eine weit genauere Bestimmung des Molekulargewichts der gelösten Substanzen gestatten als die Dampf-
druckmethode, im Laufe der Zeit weit empfindlichere Apparate

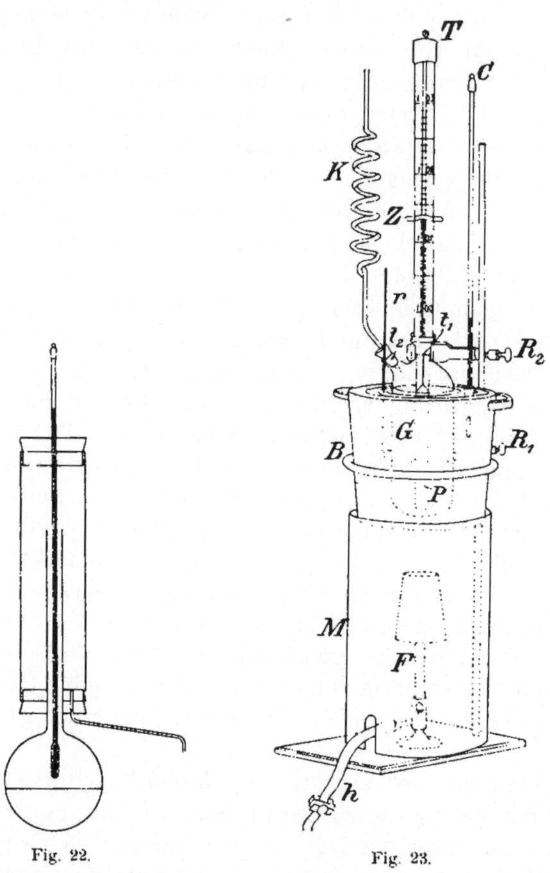

Fig. 22.   Fig. 23.

konstruiert.   Am meisten sind diejenigen von BECKMANN im
Gebrauch *(Zeitschr. für physik. Chemie 4, S. 543 und 2, S. 639)*.
Um zu Demonstrationszwecken Siedepunktsmessungen an wäss-
rigen Lösungen auszuführen, bediene ich mich des Apparates
Fig. 23, der mit einigen Abänderungen, die den Zweck haben,
die Resultate in grösserer Entfernung erkennen zu lassen, dem

BECKMANNschen nachgebildet ist. B bedeutet ein $1^1/_2$ Liter grosses Glycerinbad, welches 30 cm oberhalb der Flamme des Brenners F auf den Ring R_1 eines Stativs gesetzt ist. M ist ein Mantel aus Pappe zum Schutz der Brennerflamme gegen Luftströmungen. In einem der Ringe des Bades B ist das Thermometer C befestigt, damit man die Temperatur des Glycerins, das mittels des Rührers r von Zeit zu Zeit in Bewegung zu versetzen ist, kontrollieren kann. Das Siedegefäss G von cylindrischer Form und einem Inhalt von 280 cm³ ist mit dem 2,5 cm weiten Tubus t_1, an welchem es mittels der Klemme R_2 festgehalten wird, und dem 1,5 cm weiten Tubus t_2 versehen. In t_1 ist mittels eines Korkes das Thermometer T[1]) befestigt. An diesem ist die Siedetemperatur, die sich durch den verschiebbaren Zeiger Z markieren lässt, abzulesen. Das mit Quecksilber gefüllte Gefäss P desselben ist 10 cm lang und hat einen Durchmesser von 1,8 cm. Die Skala umfasst nur drei ganze Grade, von 100° bis 103°. Auf jeden Grad kommen 7 cm Skalenlänge, so dass hundertstel Grade angezeigt werden. Im Tubus t_2 steckt der Kühler K. Er besteht aus 7 Windungen à 5 cm Durchmesser und ist oberhalb des unteren, schräg abgeschliffenen Endes mit einer Öffnung versehen, damit die Dämpfe in den Kühler gelangen können, ohne durch das abfliessende kondensierte Wasser gehindert zu werden.

Beim Gebrauch des Apparates sind folgende Massregeln innezuhalten. Die Glycerinmenge muss fast bis an die Ringe des Gefässes B reichen, und im Siedegefäss muss die Lösung mit den Ringen in gleicher Höhe stehen. Das Thermometer T ist so tief einzusenken, dass das Niveau des Quecksilbergefässes mit dem der siedenden Flüssigkeit zusammenfällt. Da nur koncentriertere Lösungen genügend hohe Siedepunktserhöhungen zeigen, die Flüssigkeit aber nach Hinzufügung grösserer Substanzmengen an Volumen erheblich zunimmt, so ist es besser, die zu prüfenden Lösungen fertig in den Apparat zu bringen, anstatt die zu lösende Substanz durch den Tubus t_2 einzuführen. Um eine möglichst gleichmässige Siedetemperatur zu

---

[1]) Gekauft bei WARMBRUNN, QUILITZ & Co., Berlin, Rosenthalerstr. 20. Preis M. 18,—.

erzielen, also das Stossen der Flüssigkeit, welches durch den Wechsel von Überhitzung und plötzlicher Dampfbildung zu stande kommt, zu vermeiden, genügt es, kurz vor der Siedetemperatur durch t_2 in das Siedegefäss kleinere Stückchen Speckstein zu werfen. Auch ist, um einem Siedeverzug möglichst vorzubeugen, darauf zu achten, dass die Temperatur des Glycerins höchstens 2^0 höher liegt als der Siedepunkt der Lösung, der sich innerhalb enger Grenzen im voraus beurteilen lässt. Indem man die Flammenhöhe, die, wenn die Siedetemperatur nahezu erreicht ist, höchstens 3 bis 4 cm betragen darf, mittels des Quetschhahnes h reguliert und den Rührer r wiederholt auf und ab bewegt, lässt sich die Temperatur des Glycerinbades fast konstant machen. Ehe man die Temperatur abliest, muss man, bis die grosse Quecksilbermenge des Thermometers gleichmässig erwärmt ist, die Flüssigkeit etwa 10 Minuten im Sieden erhalten, und wegen der Trägheit des Quecksilberfadens ist es notwendig, wiederholt an das Thermometer zu klopfen. Da ferner der Siedepunkt nach dem jeweiligen Barometerstand wechselt und sich das Thermometer im Lauf der Zeit etwas ändert, so muss der Siedepunkt des Wassers stets besonders ermittelt werden.

Die mit wässrigen Lösungen von Rohrzucker erhaltenen Resultate ersehe man aus der Tabelle VII, in welcher l die auf 100 g Wasser kommende Zuckermenge, b den Barometerstand, t_0 den Siedepunkt des Wassers, t denjenigen der Lösung, m das Molekulargewicht des Rohrzuckers (342) und S die auf 100 g Lösungsmittel bezogene molekulare Siedepunktserhöhung angiebt.

Tab. VII.

1	2	3	4	5	6	7	8
l	b mm	t_0	t	$t - t_0$	$\dfrac{t - t_0}{l}$	$S = \dfrac{t - t_0}{l} \cdot m$	$m = S \dfrac{l}{t - t_0}$
34,2	746	99,85	100,35	0,50	0,01462	5,00	342,0
51,3	746	99,85	100,59	0,74	0,01442	4,93	341,7
68,4	755	99,90	100,95	1,05	0,01535	5,24	341,3
85,5	755	99,90	101,22	1,32	0,01544	5,28	342,0

Aus den Zahlen der Kolumne 6 folgt, dass für nicht zu koncentrierte Lösungen die Siedepunktserhöhung für je $1\,^0/_0$ Rohrzucker konstant ist, also der Siedepunkt proportional der Koncentration steigt. Die Werte für S in der Kolumne 7 beweisen, dass der Siedepunkt äquimolekularer Lösungen um gleichviel erhöht ist. Hat man mit Hülfe einer Substanz, von welcher m bekannt ist, für ein bestimmtes Lösungsmittel die Konstante S gefunden, so ergiebt sich für eine andere, in demselben Lösungsmittel zu lösende Substanz das Molekulargewicht m nach der Gleichung $1 : m = t - t_0 : S$. In der Kolumne 8 stehen die aus den betreffenden Zahlen für l und $t - t_0$ berechneten Werte m, die sich einander sehr nähern und teilweise dem wahren Werte 342 gleich sind. Kommen nicht 100 g, sondern L g des Lösungsmittels in Anwendung, so ist

$$m = 100\,S \cdot \frac{1}{L\,(t - t_0)}.$$

Es ist für Wasser, Alkohol, Äther, Essigsäure, Chloroform

	Wasser	Alkohol	Äther	Essigsäure	Chloroform
$t =$	100	78,3	34,97	118,1	$61,2^0$
und $S =$	5,2	11,5	21,1	25,3	$36,6^0$.

Wegen der höheren S-Werte liessen sich zwar mit Lösungen in Alkohol oder Chloroform grössere Siedepunkts-Differenzen erzielen, aber man bedarf dann besonderer Demonstrationsthermometer, um in weiterer Entfernung den Quecksilberstand erkennbar zu machen.[1]) Jedoch haben die wässrigen Lösungen, namentlich die der Elektrolyte, ein besonderes Interesse (s. 5. Kapitel). Ferner lassen sich die Versuche mit wässrigen Rohrzuckerlösungen insofern noch weiter ausbeuten, als man durch Zusatz eines Kubikcentimeters verdünnter, mit Kaliumchlorid versetzter Salzsäure zur siedenden Lösung die Rohrzuckermolekeln nach der Gleichung

$$C_{12}H_{22}O_{11} + H_2O = 2\,C_6H_{12}O_6$$

leicht invertieren, also die Anzahl der gelösten Molekeln in

---

[1]) Braucht man dieser Anforderung nicht zu genügen, so würde ein grösseres Thermometer von 20 bis 100^0 ausreichen, und man könnte die Siedepunktsbestimmungen der Lösungen in Alkohol oder Chloroform mittels des einfacheren BERTHELOTschen Apparates Fig. 22 ausführen.

kaum einer Minute verdoppeln kann, was eine doppelt so hohe Siedepunktserhöhung zur Folge hat.

Aus letzterer Erscheinung ist ferner zu ersehen, dass bei Molekulargewichtsbestimmungen nach der Siedepunktsmethode nur solche Lösungsmittel anwendbar sind, die auf die gelöste Substanz chemisch nicht einwirken.

Die Thatsache, dass die Werte von $(t - t_0)/1$ für höhere Koncentrationen zunehmen, wird später erklärt werden.

Weit weniger Umsicht als zu den Bestimmungen des Siedepunkts ist zu denen des Gefrierpunkts erforderlich. Schon vor mehreren Jahren hat CIAMICIAN (*Ztschr. für physik. und chem. Unterricht, III, S. 39*) ein Verfahren angegeben, die Gefrierpunktserniedrigung mittels eines Luftthermometers qualitativ zu veranschaulichen. Da sich letzteres jedoch nicht leicht aichen lässt, habe ich mir ein Demonstrationsthermometer T (Fig. 24[1])) anfertigen lassen, das auch zu vielen anderen Zwecken, wie zur Ermittelung der Lösungswärme von Salzen und der specifischen Wärme von Metallen geeignet ist. Das Gefäss desselben ist 14 cm lang und nur 1,5 cm weit. Es ist mit blaugefärbtem Amylalkohol gefüllt. Die Skala hat eine Länge von 60 cm. Sie umfasst 75°, 30° unter und 45° über Null. Die Graddifferenz beträgt also 8 mm, so dass zehntel Grade leicht abzulesen sind. Dieses Thermometer wird in das Gefriergefäss R gesetzt, welches die Form eines Reagenzglases hat. Das Niveau der zu prüfenden Lösung in demselben muss dem des Thermometergefässes gleich und vom Rand

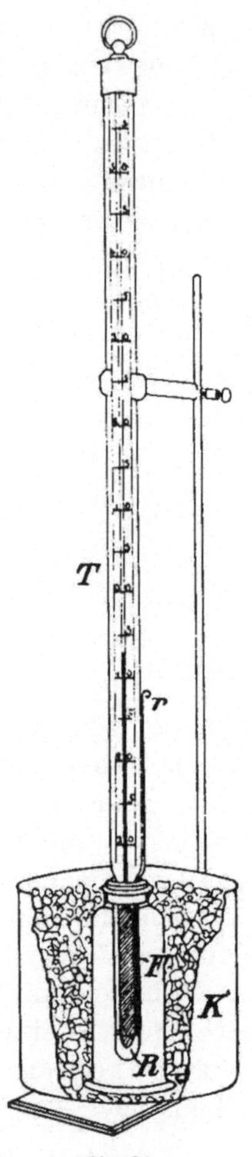

Fig. 24.

---

[1]) Angefertigt vom Glasbläser STUHL, Berlin N., Philippstrasse 22. Preis M. 12,—.

des Gefriergefässes 3 cm entfernt sein.   Die Röhre R ist mittels einer Korkscheibe in der Öffnung der Flasche F befestigt. Letztere ist mit einer koncentrierten Chlorcalciumlösung, mit Glycerin oder Alkohol gefüllt und in das 5 bis 6 Liter grosse Kältebad K eingesenkt.   Will man mit dem beschriebenen Apparat, dessen Empfindlichkeit nur eine beschränkte sein kann, annähernd richtige Resultate erhalten, es namentlich vermeiden, dass zu tiefe Temperaturgrade als Gefrierpunkte beobachtet werden, so muss man den aus Nickeldraht gefertigten Rührer r während der Abkühlung der Lösung beständig bewegen, bis sich eben das Lösungsmittel in fester Gestalt ausscheidet.   Auf keinen Fall darf die Kühlung zu rasch erfolgen, und es ist deshalb darauf zu achten, dass die Temperatur der Chlorcalciumlauge höchstens 2 bis 3^0 tiefer liegt als der betreffende Gefrierpunkt.   Dies lässt sich aber leicht bewerkstelligen, indem man im Kältebad K die gehörige Temperatur erzeugt, also je nach den Umständen mit Eiswasser oder einer Kältemischung aus Eis und mehr oder weniger Kochsalz arbeitet.

Die Ergebnisse einiger Versuche mit Lösungen in Wasser und in Benzol, dessen Gefrierpunkt $5,5^0$ war, sind aus der Tabelle VIII zu ersehen.   Darin bezeichnet 1 die auf 100 g Lösungsmittel kommende Menge der gelösten Substanz, ϑ den Gefrierpunkt der Lösung, ϑ_0 den des Lösungsmittels, G die molekulare Gefrierpunktserniedrigung, m das berechnete und m_0 das sonst gebräuchliche Molekulargewicht der gelösten Verbindung.   Die durch den Versuch gefundenen Gefrierpunkte sind, abgesehen von den Mängeln der Methode, auch deshalb wenig genau, weil zur Erlangung möglichst grosser Temperaturdifferenzen   höhere   Koncentrationen   verwendet wurden.   Für wissenschaftliche Versuche dürfen letztere nicht über 0,1 g-Mol. auf 100 g Lösungsmittel hinausgehen.

Man erkennt hieraus deutlich die Analogie zwischen den Erscheinungen des Siedens und Gefrierens der Lösungen.   Der Gefrierpunkt sinkt proportional der Koncentration (Kolumne 6), und die Gefrierpunktserniedrigung ergiebt, wenn 1 g-Mol. Substanz in der nämlichen Menge Lösungsmittel (100 g) gelöst wird, für Lösungen in Wasser den Durchschnittswert 18,5 und für solche in Benzol den Durchschnittswert 49 (Kolumne 7 und 8).   Dass die Gefrierpunktserniedrigung sich ebenfalls nur nach der Anzahl der in einer konstanten Menge des Lösungsmittels vorhandenen Molekeln der Substanz richtet, wird auch dadurch noch veranschaulicht, dass man die 34,2 prozentige Rohrzuckerlösung nach der Inversion wieder in den Gefrierapparat bringt, wobei man $\vartheta = -3,3$ erhält. Die Zahlen der Kolumnen 9 und 10 machen es begreiflich, welch' hohe Bedeutung die Gefrier-

Tab. VIII.

1	2	3	4	5	6	7	8	9	10
Lösungs-mittel	Gelöste Substanz	l	ϑ	$\vartheta_0 - \vartheta$	$\dfrac{\vartheta_0 - \vartheta}{l}$	$G = m\dfrac{\vartheta_0 - \vartheta}{l}$	G nach RAOULT	$m = G\dfrac{l}{\vartheta_0 - \vartheta}$	m_0
Wasser	Rohrzucker	34,2	$-1,8$	1,8	0,053	18,13		342,00	
„	„	51,3	$-2,8$	2,8	0,054	18,45	18,5	341,60	342,0
„	„	68,4	$-3,8$	3,8	0,055	18,81		342,00	
Benzol	Chloroform	11,9	$+0,2$	5,3	0,444	53,01		112,75	
„	„	23,9	$-4,5$	10,0	0,419	50,01	51,1	119,50	119,5
„	„	35,8	$-8,5$	14,4	0,391	46,72		128,00	
„	Naphtalin	12,8	$+0,5$	5,0	0,391	50,05	50,0	128,00	128,0
„	„	25,6	$-4,0$	9,5	0,371	47,19		134,70	
„	Anilin	9,3	$+0,8$	4,7	0,505	46,96	46,3	99,35	93,0
„	„	18,6	$-3,5$	9,0	0,484	45,01		103,30	
„	Benzoesäure	6,1	$+4,2$	1,3	0,213	25,98	25,4	234,60	122,0

punkte zur Bestimmung der Molekulargewichte haben, die gemäss den Gleichungen

$$l : m = \vartheta_0 - \vartheta : G$$

oder

$$l : m\,(\vartheta_0 - \vartheta)\,100/L : G,$$

wenn L die jeweilige Gewichtsmenge des Lösungsmittels bezeichnet, berechnet werden.

Was die Abweichungen der bei den Siedepunkts- und Gefrierpunktsbestimmungen ermittelten Zahlen von den theoretischen

Werten betrifft, so sind sie nicht allein auf die Ungenauig-
keit der Methode zurückzuführen. Auch die mittels der BECK-
MANNschen Apparate erhaltenen Zahlen stimmen bisweilen
nicht mit der Theorie überein. Die Grössen $(\vartheta_0 - \vartheta)/1$ der
Benzollösungen nehmen mit der Koncentration in der Regel
ab. Man erklärt dies durch die wohl begründete Annahme,
dass die Molekeln der Substanzen in Benzollösungen teilweise zu Doppelmolekeln vereinigt sind. Die Benzoesäure
bildet in Benzol ausschliesslich Doppelmolekeln. Andererseits
erweisen sich bei wässrigen Lösungen höherer Koncentrationen
sowohl die Siedepunkts- als auch die Gefrierpunktsänderungen
grösser, als es der Theorie entspricht. In diesen Fällen müssen
die Molekeln der Substanz auf die des Lösungsmittels eine
Anziehung ausüben, welche das Verdampfen und Ausfrieren
des letzteren erschweren.

―――

4. Kapitel.

Zusammenfassung.

Die Versuche mit verdünnten Lösungen haben bisher zu
vier ähnlich lautenden Gesetzen geführt, nämlich: Äquimolekulare Lösungen beliebiger Stoffe, die mit
gleichen Gewichtsmengen desselben Lösungsmittels
hergestellt sind, zeigen gleichen osmotischen Druck,
gleiche relative Dampfdruckverminderung, gleiche
Siedepunktserhöhung und gleiche Gefrierpunktserniedrigung, und die Versuchsdaten lassen auch die Um-
kehrung dieser Gesetze zu. Bei relativ gleicher, im allgemeinen aber geringer Koncentration müssen daher die Grössen
P, $(p - p_1)/p$, $t - t_0$ und $\vartheta_0 - \vartheta$ einander proportional, und
der Proportionalitätsfaktor darf nur von den Konstanten des
Lösungsmittels abhängig sein. Auf theoretischem Wege hat
VAN 'T HOFF *(Nernst, Theoretische Chemie, 1893, S. 124 u. 126)*
die Beziehung des osmotischen Druckes zu den drei anderen
Grössen ermittelt und folgende Gleichungen aufgestellt, in

denen M das Molekulargewicht des Lösungsmittels, s das specifische Gewicht desselben, T_0 und T'_0 seinen absoluten Siede- bezw. Gefrierpunkt, w und w′ seine latente Verdampfungs- bezw. Schmelzwärme pro Gramm und K, K′ und K″ die betreffenden, vom Lösungsmittel abhängigen Konstanten bedeuten:

$$\text{I.} \quad P = \frac{p - p_1}{p_1} \cdot \frac{819\,s\,.\,T}{M} = \frac{p - p_1}{p_1}\,T\,K\ \text{Atm.}$$

$$\text{II.} \quad P = (t - t_0) \cdot \frac{41{,}37\,.\,s\,.\,w}{T_0} = (t - t_0)\,K'\ \text{Atm.}$$

$$\text{III.} \quad P = (\vartheta_0 - \vartheta) \cdot \frac{41{,}37\,.\,s\,.\,w'}{T'_0} = (\vartheta_0 - \vartheta)\,K''\ \text{Atm.}$$

Es muss sich folglich die eine Grösse aus der anderen finden lassen. So möge nach den Gleichungen II und III der Wert für P aus einigen früher angegebenen Versuchsdaten berechnet werden. Die Resultate sind aus den beiden folgenden Tabellen IX und X zu ersehen:

Tab. IX.

1	2	3	4	5	6	7	8	9	10	11
Lösungs-mittel	Gelöste Substanz	l	V	$t - t_0$	s	w	T_0	K′	$P = (t - t_0)\,K'$	$P = \dfrac{0{.}0819\,T_0}{V}$
Wasser	Rohrzucker	51,3	0,6667	0,74	0,959	536,4	373,0	57	42,18	45,82

Tab. X.

Lösungs-mittel	Gelöste Substanz	l	V	$\vartheta_0 - \vartheta$	s	w′	T'_0	K″	$P = (\vartheta_0 - \vartheta)\,K''$	$P = \dfrac{0{,}0819\,T'_0}{V}$
Wasser	Rohrzucker	51,3	0,6667	2,8	0,9998	79,0	273,0	11,85	31,89	33,54
Benzol	Chloroform	11,9	1,1494	5,3	0,8700	29,5	278,5	3,76	19,93	19,84
„	„	23,9	0,5747	10,0	0,8700	29,1	278,5	3,76	37,61	39,68

In den Kolumnen 11 beider Tabellen ist P nach der Gleichung $PV = 0{,}0819\,T_0$ bezw. $= 0{,}0819\,T'_0$ Liter-Atm., in welcher V die Zahl der Liter angiebt, die 1 g-Mol. Substanz in Lösung enthalten würden, berechnet. In der That stimmt

dieser Wert, wenn man erwägt, dass bei den Siedepunkts-
und Gefrierpunktsbestimmungen verhältnismässig sehr koncentrierte Lösungen verwendet wurden, mit dem in den Kolumnen 10 verzeichneten, nach den obigen VAN 'T HOFFSCHEN
Formeln ermittelten Wert ziemlich überein.

Es haben sich also aus den Bestimmungen des Siedepunkts
und Gefrierpunkts, welche weit genauer ausgeführt werden
können als die des osmotischen Druckes, solche Werte für P
ergeben, welche der der Gasgleichung entsprechenden Gleichung
$PV = RT$ genügen, und somit wird durch die Siede-
punkts- und Gefrierpunktsmethode die VAN'T HOFFSCHE
Theorie wiederum bestätigt. Für die Richtigkeit derselben
spricht aber ferner auch die Thatsache, dass aus den Siede-
punkten und Gefrierpunkten der Lösungen dieselben Molekulargewichte der gelösten Substanzen gefunden werden, zu
welchen die Dampfdichtebestimmungen führen.

Noch einen anderen recht überzeugenden Beweis für die
Theorie der Lösungen hat VAN 'T HOFF gegeben, indem er auf
Grund der Gasgleichung durch eine rein thermodynamische
Betrachtung für die molekulare Siedepunktserhöhung und Ge-
frierpunktserniedrigung Werte ermittelte, die den empirischen
gleichkommen. Man denke sich folgenden Kreisprocess. Eine
Lösung von n g-Mol. Substanz in einer sehr grossen Anzahl
N g-Mol. Lösungsmittel habe die Temperatur ϑ_0°. Sie werde
auf ϑ° abgekühlt. Es möge ihr dann noch so viel Wärme
entzogen werden, dass N/n g-Mol. Lösungsmittel, also diejenige
Menge, auf welche in der ursprünglichen Lösung 1 g-Mol.
Substanz kam, ausfrieren. Dadurch werden $N/n \cdot M\omega$ g-cal.
bei ϑ° frei, wenn ω die latente Schmelzwärme bei ϑ° ist.
Die gefrorene Menge des Lösungsmittels denke man sich
ferner aus der Lösung ausgeschieden und auf ϑ_0° bis zum
Schmelzen erwärmt. Da die latente Schmelzwärme ω' bei
ϑ_0° grösser ist als die bei der geringeren Temperatur ϑ°, so ist

$$\frac{N}{n} M\omega' > \frac{N}{n} M\omega.$$

Wenn schliesslich jene Menge des Lösungsmittels von der
übrigen Lösung durch eine semipermeable Membran osmotisch
aufgenommen wird, so ist das Anfangsstadium wieder erreicht.
Dieser Kreisprocess ist auch in umgekehrter Richtung möglich.

Denn man kann sich vorstellen, dass man bei ϑ_0° aus der Lösung vermöge eines Stempels N/n g-Mol. Lösungsmittel durch eine semipermeable Membran hindurchpresse, bei ϑ_0° gefrieren lasse, nebst der Lösung auf ϑ° abkühle und wieder in die Lösung bringe, in der es schmelze. Würde nun das Ganze auf ϑ_0° erwärmt, so wäre der Kreisprocess wiederum geschlossen.

Im ersten Fall sind $N/n \cdot M\omega'$ g-cal. von ϑ_0° auf ϑ° reduciert, und es ist die Arbeit $PV = 2\,T_0'$ g-cal. gewonnen, wenn P der osmotische Druck der Lösung und V dasjenige Volumen des Lösungsmittels ist, welches ausfror und osmotisch wieder aufgenommen wurde. Im zweiten Fall wird die nämliche Arbeit aufgewendet, und $N/n \cdot M\omega$ g-cal. werden von ϑ° auf ϑ_0° gehoben.

Fasst man weiter den ersten Fall ins Auge, so gilt die Gleichung

$$2\,T_0' : N/n \cdot M\omega' = \vartheta_0 - \vartheta : T_0',$$

denn nach dem zweiten Hauptsatz der mechanischen Wärmetheorie verhält sich, wenn eine Wärmemenge in einem umkehrbaren Kreisprocess Arbeit leistet, der in Arbeit verwandelbare Anteil dieser Wärme zur gesamten aufgenommenen Wärme wie das Temperaturgefälle zu der absoluten Temperatur, bei welcher das System die Wärme aufnahm. Aus jener Gleichung folgt

$$\vartheta_0 - \vartheta = \frac{2\,n\,T_0'^2}{M\,N\,\omega'}.$$

Ist aber 1 g-Mol. Substanz in 100 g Lösungsmittel gelöst, so ist

$$\vartheta_0 - \vartheta = \frac{0{,}02\,T_0'^2}{\omega'},$$

worin T_0' den absoluten Gefrierpunkt des Lösungsmittels und ω' die latente Schmelzwärme für 1 g desselben bedeutet. Diese für $\vartheta_0 - \vartheta$ gefundene Grösse ist nun identisch mit der empirisch gefundenen Grösse G. Setzt man z. B. für Wasser die Werte für $T_0' = 273$ und $\omega' = 79$ ein, so ist $\vartheta_0 - \vartheta = 18{,}8$, während die Versuche $G = 18{,}5$ ergaben.

Eine entsprechende Gleichung hat VAN 'T HOFF für die

auf 100 g Lösungsmittel bezogene molekulare Siedepunktserhöhung abgeleitet, nämlich

$$t - t_0 = \frac{0{,}02\ T_0^{\,2}}{w},$$

worin T_0 den absoluten Siedepunkt des Lösungsmittels und w die latente Verdampfungswärme ist. Auch diese Gleichung genügt den Ergebnissen der Versuche.

Schliesslich sei noch bemerkt, dass man aus jenen beiden Gleichungen mit Hülfe der empirischen Werte G bezw. S die Grössen ω' und w berechnen kann, und dass sich die so erhaltenen Werte denen der direkten Versuche als gleich erwiesen haben.

Wenn nun eine Theorie von so verschiedenen Seiten her bestätigt worden ist wie die VAN'T HOFFsche, so kann ein Zweifel an der Wahrheit derselben nicht bestehen. Es darf daher der Satz: Die Substanzen üben in den Lösungen denselben Druck als osmotischen aus, den sie im gleichen Volumen bei der nämlichen Temperatur in Gasgestalt zeigen würden, als ein Naturgesetz gelten, und demnach darf die AVOGADROSCHE Regel auf die Substanzen im gelösten Zustand übertragen werden.

---

5. Kapitel.

Die wässrigen Lösungen der Elektrolyte.

Es ist bereits betont worden, dass die Untersuchungen, welche RAOULT zu den genannten, von VAN'T HOFF theoretisch begründeten Gesetzen führten, an Lösungen indifferenter organischer Verbindungen in Wasser oder in organischen Lösungsmitteln angestellt wurden. Eine grosse Zahl von Substanzen in ihren wässrigen Lösungen, nämlich die Salze, Säuren und Basen, und zwar insbesondere solche anorganischer Natur, zeigt ein von jenen Gesetzen abweichendes Verhalten, welches der allgemeinen Anerkennung der VAN 'T HOFFschen Theorie anfangs Schwierigkeiten machte. Die Grössen P, $(p - p_1)/p$, $t - t_0$ und $\vartheta_0 - \vartheta$ erweisen sich nämlich sämtlich höher, als es der Theorie entspricht. Erstere beiden sind indessen nicht genau genug bestimmbar, um eine etwaige Gesetzmässigkeit ihrer Abweichungen erkennen zu lassen. Denn einerseits ist die Kupferferrocyanidmembran für jene Substanzen bei so hohen Drucken, wie sie sich ergaben, nicht mehr völlig semipermeabel, andererseits sind die Unterschiede der Dampfspannungen wässriger Lösungen zu gering. Wohl aber haben die Ermittelungen des Siedepunkts und Gefrierpunkts weitere Aufschlüsse gebracht. Zunächst mögen die Resultate einiger nach dem 3. Kapitel ausgeführten Versuche in den Tabellen XI und XII zusammengestellt werden, in denen dieselben Bezeichnungen beibehalten sind wie früher.

Tab. XI.

1	2	3	4	5	6	7	8	9	10
Substanz auf 100 g Wasser	l	$t - t_0$	$\dfrac{t - t_0}{l}$	m	$S = m \cdot \dfrac{t-t_0}{l}$	$i = \dfrac{S}{5,2}$	$i'' = 1 + (z-1)\dfrac{\lambda}{\lambda_\infty}$	$\alpha = \dfrac{i-1}{z-1}$	$\alpha'' = \dfrac{\lambda}{\lambda_\infty}$
Natriumchlorid	5,85	0,94	0,160	58,5	9,36	1,80	1,82	0,80	0,82
	8,80	1,40	0,159		9,30	1,78		0,78	

Tab. XII.

1	2	3	4	5	6	7	8	9	10
Substanz auf 100 g Wasser	l	$\vartheta_0 - \vartheta$	$\dfrac{\vartheta_0 - \vartheta}{l}$	m	$G = m \cdot \dfrac{\vartheta_0-\vartheta}{l}$	$i' = \dfrac{G}{18,5}$	$i'' = 1 + (z-1)\dfrac{\lambda}{\lambda_\infty}$	$\alpha' = \dfrac{i'-1}{z-1}$	$\alpha'' = \dfrac{\lambda}{\lambda_\infty}$
Natriumchlorid	5,83	3,5	0,598	58,50	34,98	1,89	1,82	0,89	0,82
	8,80	5,2	0,591		34,51	1,87		0,87	
Kaliumchlorid	6,00	2,7	0,442	74,58	32,97	1,78	1,86	0,78	0,86
	10,00	4,4	0,440		32,81	1,77		0,77	
Calciumchlorid CaCl$_2$. 6 aq.	21,90	5,2	0,237	219,98	51,90	2,69	2,50	0,84	0,75

Wie man aus den Zahlen der Kolumnen 4 ersieht, nehmen wiederum die Werte $t - t_0$ und $\vartheta_0 - \vartheta$ für jede Substanz proportional der Koncentration zu. Auch stimmen die molekularen Gefrierpunktserniedrigungen G (Kolumne 6) für die Lösungen von Natrium- und Kaliumchlorid überein. Vergleicht man aber die Werte S und G mit denen der Tabellen VII und VIII, so sind sie sämtlich grösser als dort. Welches Multiplum sie von den Normalwerten 5,2 bezw. 18,5 sind, erfährt man, wenn man sie durch 5,2 bezw. 18,5 dividiert. Die so erhaltenen Zahlen (Kolumne 7) hat VAN'T HOFF mit i bezeichnet. Es hat sich nun herausgestellt, dass die Werte i für jede einzelne Substanz bei wachsender Verdünnung zunehmen und schliesslich in die ganzen Zahlen 2, 3, 4 .... übergehen, und dass sie ferner für Stoffe von ähnlicher Zusammensetzung gleich sind, nämlich für die Säuren $\overset{\text{I}}{\text{H}}\overset{\text{I}}{\text{A}}$, die Basen $\overset{\text{I}}{\text{B}}\overset{\text{I}}{\text{O}}\text{H}$ und die Salze $\overset{\text{I}}{\text{A}}\overset{\text{I}}{\text{B}}$ die Zahl 2, für die Säuren $\overset{\text{I}}{\text{H}}_2\overset{\text{II}}{\text{A}}$, die Basen $\overset{\text{II}}{\text{B}}(\overset{\text{I}}{\text{O}}\text{H})_2$ und die Salze $\overset{\text{I}}{\text{A}}_2\overset{\text{II}}{\text{B}}$ und $\overset{\text{II}}{\text{A}}\overset{\text{I}}{\text{B}}_2$ die Zahl 3 ergeben, und zwar ist es hierbei gleichgültig, ob die i-Werte nach der Methode des osmotischen Druckes oder derjenigen des Dampfdruckes, Siedepunkts oder Gefrierpunkts ermittelt werden. Da die Grössen $(p - p_1)/p$, $t - t_0$ und $\vartheta_0 - \vartheta$ den P-Werten proportional sind, so musste VAN'T HOFF die allgemeine Gleichung in der Form

$$PV = iRT$$

schreiben. Die Lösungen aller jener Substanzen verhalten sich demnach so, wie wenn eine grössere Anzahl von Molekeln vorhanden wäre, als der Koncentration entsprechen würde.

Um diese Erscheinungen zu erklären, lag es hinsichtlich der Analogie der Lösungen und Gase nahe, eine Dissociation der Molekeln der gelösten Substanzen anzunehmen. Hatte man doch auch die Anomalien gewisser Gase, wie Stickstoffperoxyd und Phosphorpentachlorid, die gegen die AVAGADROsche Regel einen zu hohen Druck zeigen, durch die Annahme einer Dissociation befriedigend erklärt. Indessen hätte man sich wohl schwerlich dazu entschlossen, diesen Ausweg für die Lösungen zu benutzen, wenn nicht die betreffenden Substanzen gleichzeitig Elektrolyte wären, und die Theorie der Elektrolyse nicht auch jene Forderung gestellt hätte. In der That treten die abnormen Siedepunkts- und Gefrierpunktserscheinungen nur auf, wenn die Lösungen den galvanischen Strom leiten. Die Lösungen von Natriumacetat in Äther und ·von Kaliumchlorid in Alkohol verhalten sich gerade so normal, wie die wässrigen Lösungen von Zucker oder Harnstoff, d. h. der Faktor i ist = 1. Sobald aber jene Salze in Wasser gelöst, also Stromleiter sind, nimmt der Faktor i bei gehörigen Verdünnungen den Wert 2 an.

ARRHENIUS gebührt das Verdienst, auf diesen Umstand zuerst, und zwar im Jahre 1887, hingewiesen zu haben *(Ztschr. für physik. Chemie, 1887, S. 630)*, und seine Theorie der elektrolytischen Dissociation fand ihre hauptsächlichste Stütze dadurch, dass sich die aus der Leitfähigkeit abgeleiteten Werte von i den VAN 'T HOFFSCHEN nahezu gleich zeigten. Die Zahl i giebt offenbar das Verhältnis der Anzahl der in der Lösung wirklich vorhandenen Molekeln zu derjenigen Zahl an, in welcher die Molekeln hätten vorhanden sein müssen, wenn keine Dissociation eingetreten wäre. Wenn nun n g-Mol. Substanz abgewogen und in Wasser gelöst werden, wenn ferner der Dissociationskoëfficient α den Bruchteil von n bezeichnet, der die Dissociation erfährt, und z die Zahl der Teilmolekeln bedeutet, in welche eine Molekel der Substanz zerfällt, so befinden sich in der Lösung $n - n\alpha$ ganze Molekeln und $zn\alpha$ Teilmolekeln. Mithin ist

$$i = \frac{n - n\alpha + zn\alpha}{n} = 1 + (z - 1)\,\alpha,$$

und da $\alpha = \lambda/\lambda_\infty$ ist, wenn λ die molekulare Leitfähigkeit bei endlicher und λ_∞ die bei unendlicher Verdünnung darstellt, so folgt aus der Leitfähigkeit der Lösungen

$$i = 1 + (z - 1)\,\frac{\lambda}{\lambda_\infty}.$$

In den Kolumnen 8 der Tabellen XI und XII sind diese i″ genannten Werte angeführt. Sie sind denen in den Kolumnen 7 nahezu gleich, und die Übereinstimmung wäre noch vollkommener, wenn S und G mit Hülfe verdünnterer Lösungen festgestellt wären. Dasselbe gilt von den Werten für

α, wenn sie einerseits mit Hülfe der VAN 'T HOFFSCHEN Faktoren i nach der Gleichung

$$\alpha = \frac{i-1}{z-1},$$

andererseits nach der Gleichung $\alpha = \lambda/\lambda_\infty$ berechnet werden (s. Kolumnen 9 und 10). Was die sachliche Bedeutung der Grössen α anbetrifft, so sei daran erinnert, dass der hundertfache Wert von α die Anzahl der Molekeln der Substanz angiebt, die von je 100 Molekeln dissociiert sind. Die Zahl 0,89 für Natriumchlorid besagt also, dass in der betreffenden Lösung $89\,^0/_0$ der Molekeln zerfallen sind. Die Teilmolekeln einer binären Substanz müssen nun unbedingt mit den Ionen identisch sein, und aus der Übereinstimmung der nach obigen beiden Methoden ermittelten i-Werte muss die Identität der Teilmolekeln und Ionen auch für sämtliche anderen elektrolytischen Substanzen gelten. Auch spricht hierfür die aus den Tabellen XI und XII zu ersehende Erscheinung, dass der Dissociationsgrad mit der Koncentration abnimmt, wie auch aus den Thatsachen der Leitfähigkeit gefolgert werden muss.

ARRHENIUS hat also das besondere, von dem VAN 'T HOFFschen Gesetz auf den ersten Blick abweichende Verhalten der wässrigen Lösungen der Elektrolyte im Sinne jenes Gesetzes selbst erklärt und auf diese Weise nicht allein die Gültigkeit der AVOGADROschen Regel für elektrolytische Lösungen, sondern auch die Richtigkeit seiner Dissociationstheorie bewiesen.

III. Abschnitt.

Die osmotische Theorie des Stromes der Voltaschen Ketten.

In den beiden ersten Abschnitten hat sich eine Reihe von Sätzen ergeben, deren Richtigkeit wesentlich durch den Versuch, teilweise auch auf dem Wege der Rechnung erwiesen ist. Auf Grund dieser Sätze hat Nernst seine osmotische Theorie über die Entstehung des elektrischen Stromes in den Voltaschen Ketten aufgestellt. Dieselbe soll nebst ihren weiteren Folgerungen in diesem Abschnitt erörtert werden.

---

1. Kapitel.

Die Flüssigkeitsketten.

Es ist eine längst bekannte Thatsache, dass sich bei der Berührung von Leitern zweiter Ordnung elektrische Differenzen geltend machen. Indessen war nicht einzusehen, dass der blosse Kontakt die Ursache dieser Erscheinungen sein sollte.

Die Entstehung einer Potentialdifferenz zwischen zwei verschieden koncentrierten Lösungen desselben Elektrolyten erklärt NERNST dadurch, dass sich die vom osmotischen Druck getriebenen Ionen mit verschiedener Geschwindigkeit bewegen, mithin in der einen Lösung die Kationen, in der anderen die Anionen im Überschuss auftreten. Da aber die Ionen die Träger elektrischer Ladungen sind, so findet zu den einen Lösung eine Anhäufung positiver, in der anderen eine solche negativer Elektricität statt; und bringt man in die beiden Lösungen zwei indifferente Elektroden, die man durch einen Schliessungsbogen verbindet, so muss in letzterem ein Strom entstehen. Derartige Ketten hat man Flüssigkeitsketten genannt.

Die Potentialdifferenz derselben hat NERNST unter jenen Voraussetzungen in einer Abhandlung berechnet, welche H. v. HELMHOLTZ im Jahre 1889 der Akademie der Wissenschaften *(Sitzungsber. der Kgl. preuss. Akad. d. Wiss., 1889, S. 83)* vorlegte. Da diese theoretischen Erörterungen die Basis der modernen Stromtheorie bilden, so möge eine kurze Wiedergabe derselben gestattet sein. Der Einfachheit wegen werde angenommen, dass der Elektrolyt aus zwei einwertigen Ionen bestehe, deren Wanderungsgeschwindigkeiten u und v seien. Ferner sei p_1 der osmotische Partialdruck der Kationen in der koncentrierten, p_2 der der Anionen in der verdünnten Lösung. Falls die an einem g-Atom eines einwertigen Ions haftende Elektricitätsmenge von 96500 Coulomb durch die Kette fliessen sollte, müssten $u/u + v$ g-Atome Kationen mit dem Strom und $v/u + v$ g-Atome Anionen gegen den Strom transportiert werden. Sowie nun das Gasvolumen V einer g-Molekel, wofern es allmählich von dem Druck p_1 auf p_2 übergeht, auf Kosten der von aussen aufgenommenen Wärme die Arbeit

$$\int_{p_1}^{p_2} V\,dp\,{}^1)$$

____

[1]) Man nehme an, dass 1 g-Mol. eines Gases bei einer gewissen Temperatur und dem Drucke von 5 Atm. den Raum von 8 Litern ausfülle, und dass das Gefäss die Form eines liegenden Prismas von 80 cm Länge, 10 cm Breite und 10 cm Höhe habe. Man lasse nun so viel Gas entweichen, bis der Druck noch 4 Atm. ausmacht. Die ausgetretene Gasmasse umfasst dann den Raum von 8 Litern bei 1 Atm. Während des

zu leisten vermag, so muss dadurch, dass das eine g-Mol. Substanz enthaltende Volumen V einer Lösung vom osmotischen Druck p_1 auf p_2 sinkt, gleichfalls die Arbeit $\int_{p_1}^{p_2} V\,dp$ verfügbar werden. Unter der Annahme vollständiger Dissociation würde aber die doppelte Arbeit zu gewinnen sein, wenn beide Ionen zugleich vom Druck p_1 auf p_2 fielen. Für ein g-Atom Kationen beträgt somit die Arbeit $\int_{p_1}^{p_2} V\,dp$, für $u/u + v$ g-Atome Kationen also

$$\frac{u}{u+v} \int_{p_1}^{p_2} V\,dp,$$

und da $pV = RT$ ist, so ist jene Arbeit

$$\frac{u}{u+v} RT \ln \frac{p_1}{p_2}.$$

Um aber $v/u + v$ g-Atome Anionen von dem Druck p_2 auf p_1 zu heben, ist die Arbeit

$$\frac{v}{u+v} RT \ln \frac{p_1}{p_2}$$

aufzuwenden. Die von der osmotischen Energie insgesamt verfügbare Arbeit ist daher

---

Austretens leistet das Gas eine gewisse Arbeit. Es hebt nämlich die auf 800 cm² liegende Luft 10 cm hoch, d. h. es leistet die Arbeit von 1033 . 800 . 10 g . cm = 103,3 . 8 kg . dcm = 8 Liter-Atmosphären. Entweicht nochmals dieselbe Gasmenge, so ist der restierende Gasdruck noch 3 Atm., und die gesamte Arbeit ist 8 (5 — 3) = 16 Liter-Atmosphären. Allgemein muss also 1 g-Mol. eines Gases, welches in dem Raum von V Litern unter dem Druck von p_1 Atm. steht und von dem Druck p_1 auf p_2 fällt, die Arbeit

$$\int_{p_1}^{p_2} V . dp \quad \text{Liter-Atmosphären}$$

leisten.

$$\frac{u-v}{u+v}\,RT\ln\frac{p_1}{p_2}\,.$$

Soll nun diese Arbeit ganz in die elektrische Energie $96500 \cdot \pi$ übergehen, wenn π die Potentialdifferenz der Flüssigkeitskette bedeutet, so ist

$$96500\,\pi=\frac{u-v}{u+v}\,RT\ln\frac{p_1}{p_2}\,.$$

Darin ist $R = 2$ g-cal. $= 2 \cdot 4,18 \cdot 10^7$, 1 Coulomb $= 10^{-1}$ und 1 Volt $= 10^8$ absol. Einheiten. Mithin ist

$$\pi=\frac{2\cdot 4,18\cdot 10^7}{96500\cdot 10^{-1}\cdot 10^8}\cdot\frac{u-v}{u+v}\cdot T\ln\frac{p_1}{p_2}\ \text{Volt},$$

$$=0,0000866\,\frac{u-v}{u+v}\,T\cdot\ln\frac{p_1}{p_2}\ \text{Volt},$$

$$=0,0002\,\frac{u-v}{u+v}\,T\log\frac{p_1}{p_2}\ \text{Volt}.$$

Damit also zwischen zwei verschieden koncentrierten Lösungen eines Elektrolyten eine Potentialdifferenz zu stande kommt, müssen nicht nur p_1 und p_2, sondern auch u und v verschieden sein, und zwar geht der Strom von der koncentrierten zur verdünnten Lösung, wenn $u > v$ ist, im andern Fall umgekehrt. Für die Säuren ist u stets grösser als v. Eine Flüssigkeitskette aus einer normalen und einer 0,001 normalen Chlorwasserstoffsäure würde bei 17^0 die Potentialdifferenz

$$\pi=0,0002\,\frac{0,00352-0,00069}{0,00352+0,00069}\cdot 290\cdot 3=0,117\ \text{Volt}$$

haben. Enthält der Elektrolyt mehr als zwei Ionen, und ist die Wertigkeit n derselben verschieden, so ist obige Gleichung komplicierter. Für einen Elektrolyten aus zwei n-wertigen Ionen hat sie die Form

$$\pi=\frac{0,0002}{n}\,\frac{u-v}{u+v}\,T\log\frac{p_1}{p_2}\ \text{Volt}\ldots\ldots\ldots 1)$$

Eine ganz allgemeine Gleichung, die auch den Fall in sich schliesst, dass sich zwei verschiedene Elektrolyte berühren, ist von PLANCK aufgestellt. Doch möge hievon abgesehen werden.

Dagegen sei hervorgehoben, dass NERNST seine Theorie der Flüssigkeitsketten durch das Experiment in weiterem Umfange bestätigt hat. Somit leistet in einer derartigen Kette osmotische Energie elektrische Arbeit. Die chemische Energie kommt hierbei nicht in Frage. Man könnte nun erwarten, dass der Strom dieser Ketten bis zum Ausgleich der osmotischen Drucke beider Lösungen anhielte. Indessen müssten dann die Ionen ihre Ladungen an die Elektroden dauernd abgeben. Da sich aber zwischen den Kationen an der Kathode und den Anionen an der Anode sehr bald eine elektrostatische Anziehung geltend macht, welche von der meist nur schwachen elektromotorischen Kraft der Kette nicht überwunden werden kann, so muss der Strom der letzteren sehr bald aufhören.

Wegen der geringen Werte der Potentialdifferenzen der Flüssigkeitsketten möge von einer experimentellen Demonstration derselben abgesehen werden.

———

2. Kapitel.

Die Koncentrationsketten.

Werden zwei Stäbe aus demselben Metall als Elektroden in zwei verschieden koncentrierte, sich berührende Lösungen eines seiner Salze gebracht, so entsteht eine Koncentrationskette. Eine solche liefert einen bis zum Ausgleich der Koncentrationen dauernden Strom, und zwar dadurch, dass die Kationen an der Elektrode der koncentrierten Lösung unter Abgabe ihrer elektrischen Ladungen den metallischen Zustand annehmen und daher diese Elektrode positiv laden, während die Atome der anderen Elektrode als Kationen in Lösung gehen. Wie früher auseinandergesetzt wurde, ist die Ionisierung dieser Atome mit Änderungen der Energie verknüpft.

Die in den Elektrolyten eintretenden Kationen führen positive elektrische Ladungen mit sich. Die Elektrode, von der sie sich lösen, wird also negativ geladen. Dieser Vorgang wird anschaulich, wenn man ihn mit dem der rein mechanischen Lösung eines festen Körpers vergleicht. Sowie letzterer, um in den flüssigen Zustand überzugehen, der Umgebung Wärme entzieht und daher, so zu sagen, Kälte hinterlässt, so entnehmen die sich ionisierenden Metallatome aus der Elektrode die erforderlichen positiven elektrischen Ladungen, und negative elektrische Ladungen bleiben in der Elektrode zurück.

Wie in einer elektrolytischen Zelle, deren Elektroden man von aussen den Strom zuführt, so werden auch in einer galvanischen Kette die Elektroden Kathode und Anode genannt, je nachdem sich die Kationen oder Anionen zu ihnen begeben, und der (positive) Strom nimmt seinen Weg auf jeden Fall von der Kathode durch den Schliessungsbogen zur Anode. Hält man hieran fest, so ist ein Irrtum in der Anwendung der Begriffe positiver und negativer Pol leicht zu vermeiden. Der positive Pol einer galvanischen Kette ist derjenige, an welchen die Kationen herantreten, und der positive Pol einer Stromquelle ist an diejenige Elektrode einer Zersetzungszelle anzulegen, nach welcher sich die Anionen, und von welcher sich mit dem Strom die Kationen bewegen sollen. Weil die Kationen sich an der Kathode entladen, so heisst letztere auch Ableitungselektrode, und falls die Anionen das Anodenmetall lösen, bezeichnet man die Anode auch als Lösungselektrode.

In einer Koncentrationskette kommen nun drei einzelne Potentialdifferenzen in Betracht, von denen die eine zwischen den beiden Lösungen und die beiden andern an der Grenzfläche zwischen Metall und Elektrolyt auftreten. Nernst gebührt das Verdienst, auch die Entstehung der letzteren erklärt und berechnet zu haben. Zu dem Zweck führte er (in der erwähnten Abhandlung, sowie *Ztschr. für physik. Chemie, 1889, S. 129)* den Begriff der elektrolytischen Lösungstension ein. Sowie eine Flüssigkeit an der Oberfläche solange verdampft, bis der erzeugte Dampfdruck der Verdampfungstension der Flüssigkeit gleich ist, so muss sich, da Verdampfung und Lösung analoge Vorgänge sind, ein Salz im Wasser in solcher Menge lösen, bis der osmotische Druck der Lösung der dem betreffenden Salz eigentümlichen Lösungstension das Gleichgewicht hält. Ebenso aber wohnt nach NERNST jedem Metall eine nur durch seine chemische Natur bedingte Kraft inne, Metallatome als Ionen in Lösung zu bringen. Diese als Lösungstension bezeichnete Kraft sucht sich geltend zu machen, wenn das Metall in einen Elektrolyten eingesenkt wird, und zwar um so mehr, je weniger Kationen in der Lösung bereits vorhanden sind.

Ist P die Lösungstension eines Metalles, p der osmotische Druck der in der Lösung befindlichen Kationen, so sind drei Fälle zu unterscheiden. Es kann erstens $P > p$ sein. Das Metall verhält sich dann wie eine Salzmasse, welche der ungesättigten Salzlösung zugefügt wird. Es sucht also Kationen in die Lösung zu befördern, und da mit diesen positive elektrische Ladungen transportiert werden, während die gleiche Menge negativer Elektricität im Metall zurückbleibt, so erhält der Elektrolyt ein positives, und das Metall ein negatives Potential. So sehr aber der Wert von P den von p übertreffen mag, so kann infolge des blossen Eintauchens des Metalles in den Elektrolyten die Anzahl der sich neu bildenden Kationen nur gering sein. Denn an der Grenzfläche zwischen dem Metall und dem Elektrolyten sammeln sich wegen der elektrostatischen Anziehung der Kationen seitens des negativ geladenen Metalles die Kationen an und arbeiten so der Lösungstension entgegen. Jedoch kann sich letztere von neuem äussern, sobald die freien Elektricitäten durch einen Schliessungsbogen abgeleitet werden, und sie würde dann in dem angegebenen Sinne so lange fortwirken, bis p den Wert von P erreicht hätte.

Liegt der zweite Fall vor, dass $P = p$ ist, so kommt es überhaupt nicht zu einer Potentialdifferenz.

Wenn endlich drittens $P < p$ ist, so entspricht das Metall einer festen Salzmasse, welche man in die übersättigte Salzlösung bringt. Nunmehr geben einige Kationen ihre Ladungen an das Metall ab. Dieses ladet sich folglich positiv, und der Elektrolyt nimmt ein negatives Potential an. Der Vorgang dauert wiederum nur kurze Zeit, bis das positiv geladene Metall die weiter ankommenden Kationen abstösst.

Nach der NERNSTschen Theorie sind also die Lösungstension eines Metalles und der osmotische Druck analoge Begriffe. Unter dieser Voraussetzung lässt sich erwarten, dass die Potentialdifferenz $\mathfrak{p}$ zwischen einem Metall und der Lösung eines seiner Salze bei einer bestimmten Temperatur nur von dem Verhältnis P/p abhängt. Auf ähnliche Weise, wie es bei den Flüssigkeitsketten auseinandergesetzt wurde, ergiebt sich die Formel

$$\mathfrak{p} = \frac{0{,}0002}{n}\, \mathrm{T} \log \frac{\mathrm{P}}{\mathrm{p}}\, \text{Volt} \ldots \ldots \ldots 2)$$

wenn n die Valenz des Kations ist, und $\mathfrak{p}$ in der Richtung vom Metall zur Lösung angenommen wird.

Für eine Koncentrationskette von der Form

$$\mathrm{M/MS\ conc./MS\ verd./M,}$$

wenn S das Anion bezeichnet, berechnet sich nunmehr die gesamte Potentialdifferenz π aus der algebraischen Summe der drei einzelnen Potentialdifferenzen nach der Gleichung

$$\pi = \frac{0{,}0002}{n}\, \mathrm{T} \left[\log \frac{\mathrm{P}}{\mathrm{p}_1} + \frac{u-v}{u+v} \log \frac{\mathrm{p}_1}{\mathrm{p}_2} - \log \frac{\mathrm{P}}{\mathrm{p}_2} \right] \text{Volt}$$

$$= -\frac{0{,}0002}{n} \cdot \frac{2\,v}{u+v} \cdot \mathrm{T} \log \frac{\mathrm{p}_1}{\mathrm{p}_2}\, \text{Volt} \ldots \ldots \ldots \ldots 3)$$

Ist die Bedingung der vollständigen Dissociation des Elektrolyten, wie sie bei der Berechnung von π vorausgesetzt ist, nicht erfüllt, so lautet die allgemeine Formel

$$\pi = -\,0{,}0002 \cdot \frac{i}{n} \cdot \frac{v}{u+v} \cdot \mathrm{T} \log \frac{\mathrm{p}_1}{\mathrm{p}_2}\, \text{Volt} \ldots \ldots \ldots 4)$$

worin i der VAN'T HOFFsche Faktor ist. Für u = v nimmt sie die einfachere Form

$$\pi = -\,0{,}0001\, \frac{i}{n}\, \mathrm{T} \log \frac{\mathrm{p}_1}{\mathrm{p}_2}\, \text{Volt} \ldots \ldots \ldots \ldots 5)$$

an. Ist u > v, so ist π kleiner, ist u < v, so ist π grösser, als die Formel 5) angiebt. Im allgemeinen aber sind diese Abweichungen gering. Das Minuszeichen in obigen Formeln bedeutet, dass innerhalb der Koncentrationskette der Strom

von der verdünnten zur koncentrierten Lösung geht, so dass
die Elektrode der letzteren Kathode, die der ersteren Anode
wird.

Die Richtigkeit der Formel 4) ist von verschiedenen
Forschern auf mehrfache Weise experimentell bestätigt. Von
den vielen derartigen Versuchen möge nur einer zur weiteren
Erläuterung jener Formel angegeben werden. Für die Kette

$$\text{Ag}/\text{AgNO}_3\ 0{,}1\ \text{normal}/\text{AgNO}_3\ 0{,}01\ \text{normal}/\text{Ag}$$

ist $n = 1$, $u = 57$, $v = 63$, $i = 1{,}87$. Bei 18^0 muss demnach

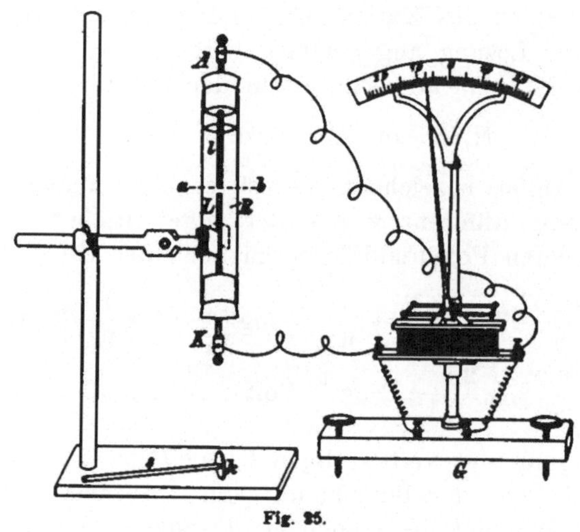

Fig. 25.

$$\pi = -\,0{,}0002 \cdot \frac{1{,}87}{1} \cdot \frac{63}{57 + 63} \cdot 291 \log 10 = -\,0{,}0574\ \text{Volt}$$

sein. NERNST fand 0,055 Volt, ein Resultat, das in Anbetracht
der Unsicherheit der Werte von u und v wohl befriedigt.

Die Entstehung des Stromes in dieser Kette hat man sich
folgendermassen vorzustellen. In Fig. 25 seien K und A die
beiden Silberelektroden und ab die Grenzfläche der beiden
Silbernitratlösungen L und l. Ist die Kette offen, so besitzen
K und A, weil P einen sehr geringen Wert hat (s. 6. Kap.),
ein positives Potential, welches aber nach der Formel 2) für
K grösser sein muss als für A. Es muss daher beim Schluss

der Kette ein Strom von K durch den Schliessungsbogen nach A gehen. Nunmehr scheiden sich an K Silberionen ab, indem sie ihre Ladungen an K abgeben. An A dagegen nehmen die Atome der Elektrode unter dem Einfluss der aus der koncentrierten Lösung zuströmenden NO_3-ionen positive Ladungen an und werden Ionen, während negative Elektricität in den Leitungsdraht abfliesst. Für je 108 Teile Silber, welche an K abgeschieden werden, werden 108 Teile Silber von A gelöst. Der Vorgang dauert bei allmählicher Abnahme der elektromotorischen Kraft der Kette so lange, bis sich die Koncentrationen der Lösungen ausgeglichen haben, also die osmotische Energie vollständig erschöpft ist.

Die nach der Fig. 25 getroffene Versuchsanordnung reicht aus, den Koncentrationsstrom mit Hülfe eines besseren Galvanoskops nachzuweisen. Man fülle das 15 cm lange und 2,5 cm weite Glasrohr R bis ab mit einer normalen Silbernitratlösung, schichte auf dieselbe mittels des Glasstabes s, an dessen Ende die Korkscheibe k angekittet ist, Wasser auf, senke die Elektrode A ein und schalte in den Stromkreis das Vorlesungsgalvanoskop G[1]) ein, welches einen mit einer vertikalen hölzernen Nadel versehenen Winkelmagneten enthält. Die Nadel giebt einen deutlichen Ausschlag in der der Theorie entsprechenden Richtung. Noch kräftiger ist der Ausschlag der Kette

$$Cu/CuCl_2 \text{ conc.}/CuCl_2 \text{ verd.}/Cu,$$

weil sich vom Kupferchlorid sehr koncentrierte Lösungen herstellen lassen. Auch die Kette

$$Zn/ZnSO_4 \text{ conc.}/ZnSO_4/\text{verd.}/Zn$$

ist zur Demonstration zu empfehlen. Hier nehmen die Elektroden wegen der starken Lösungstension des Zinks vor dem Stromschluss negative Potentiale an. Indessen ist das von A grösser als das von K, und infolge dieser Differenz gehen von A aus Zinkionen in Lösung, während sich an K Zink ausscheidet, wenn p_2 klein genug ist. In baumartig ver-

---

[1]) Dieses Galvanoskop, welches für die meisten der folgenden Versuche, bei denen schwächere Ströme nachzuweisen sind, wohl verwendbar ist, ist von Keiser & Schmidt, Johannisstr. 20 für M. 55 zu beziehen.

zweigter Gestalt erhält man eine derartige Metallausscheidung, wie Fig. 26 zeigt, und zwar schon nach zwei Stunden, wenn man einen etwa 12 cm hohen Cylinder zur Hälfte mit koncentrierter Zinnchlorürlösung füllt und nach dem Aufschichten von Wasser einen langen Zinnstab axial anbringt. Derselbe vertritt hier beide Elektroden und zugleich den äusseren Schliessungsbogen. Die Figur lässt den Metallverlust an seinem oberen Ende wohl erkennen.

Sehr deutlich wird die Wirkung des Koncentrationsunterschiedes der Lösungen durch folgende Kette veranschaulicht.

In dem ⋈förmigen Rohr (Fig. 27) befinden sich die Quecksilberelektroden A und K, die mittels eingeschmolzener Platindrähte mit dem Leitungsdraht zu verbinden sind. Das schräg gerichtete Verbindungsstück der Schenkel S_1 und S_2 enthält einen Pfropfen p aus Glaswolle. Wird bis mn eine kalt gesättigte Lösung des käuflichen krystallisierten Merkuronitrats eingefüllt, so bleibt, da $p_1 = p_2$ ist, die Galvanoskopnadel in Ruhe. Bringt man aber nach und nach in den Schenkel S_1 koncentrierte Kaliumchloridlösung und bald darauf zur Wiederherstellung des Gleichgewichts in den

Fig. 26.

Schenkel S_2 das entsprechende Volumen Merkuronitratlösung, so schlägt die Nadel aus, und dies um so mehr, je mehr Kaliumchlorid angewendet wird. Nach der Gleichung

$$HgNO_3 + KCl = HgCl + KNO_3$$

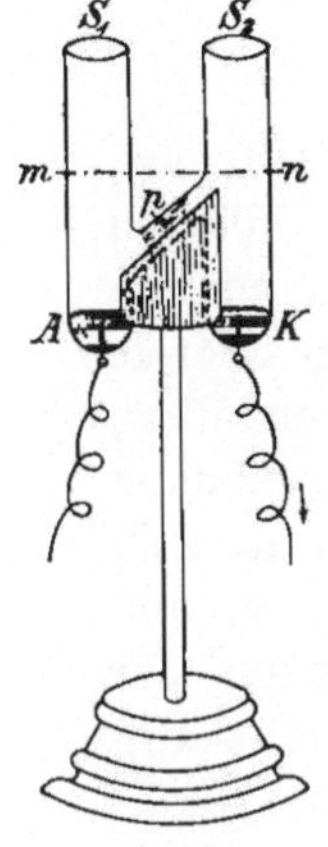

Fig. 27.

wird nämlich im Schenkel S_1 Quecksilberchlorür gefällt, und hierdurch wird die Koncentration der Quecksilberionen verringert. Folglich ist eine Koncentrationskette hergestellt, an der leicht nachgewiesen werden kann, dass der Formel 4) gemäss π wächst, wenn p_2 abnimmt. Die Nadel kehrt in einigen Minuten auf die Nulllage zurück, wenn die Anode von dem schnell zu Boden sinkenden Quecksilberchlorür bedeckt wird. Sie stellt sich aber sofort wieder ein, sobald man den Niederschlag durch Umrühren mittels eines Glasstabes in Suspension erhält.

---

3. Kapitel.

Die Daniellschen Ketten.

Von den Koncentrationsketten gelangt man zu den DANIELLschen Ketten

$$M_1/M_1 S/M_2 S/M_2 ,$$

indem man in der Versuchsanordnung Fig. 25 die Elektroden K und A aus den Metallen M_2 und M_1 anfertigt und die Lösungen L und l durch die Lösungen der Salze $M_2 S$ und $M_1 S$, denen also das Anion gemeinsam ist, ersetzt. Die gesamte Potentialdifferenz π einer solchen Kette besteht aus vier Summanden, nämlich

$$\pi_1 = M_1/M_1S,$$
$$\pi_2 = M_1S/M_2S,$$
$$\pi_3 = M_2S/M_2,$$
$$\pi_4 = M_2/M_1.$$

Nun beträgt im allgemeinen π_2 höchstens einige Millivolts, kann also in Anbetracht der durchschnittlich viel höheren gesamten Potentialdifferenz unberücksichtigt bleiben, um so mehr, je mehr die Koncentrationen der beiden Elektrolyte übereinstimmen. Ebenso hat π_4 einen sehr geringen Wert, wie später noch erörtert werden wird. Für die Berechnung von π sind daher nur π_1 und π_3 massgebend. Bezeichnen P_1 und P_2 die Lösungstensionen der Metalle M_1 und M_2, p_1 und p_2 die osmotischen Drucke bezw. die Koncentrationen der Kationen ihrer Salze und n die Valenz der als gleichwertig anzunehmenden Metalle, so folgt nach der Formel 2)

$$\pi = \frac{0{,}0002}{n}\, T\left(\log\frac{P_1}{p_1} - \log\frac{P_2}{p_2}\right) \text{Volt} \quad \dots \dots \dots \text{6)}$$

$$= \frac{0{,}0002}{n}\, T\left(\log\frac{P_1}{P_2} - \log\frac{p_1}{p_2}\right) \text{Volt} \quad \dots \dots \dots \text{7)}$$

Die Stromrichtung innerhalb der Kette ist hiebei von M_1 nach M_2 gerechnet.

Zunächst erkennt man aus diesen Formeln, und der Versuch bestätigt es, dass π von der Natur der Anionen im wesentlichen unabhängig, also z. B. für die Ketten

$$Zn/ZnSO_4/CuSO_4/Cu$$

und

$$Zn/ZnN_2O_6/CuN_2O_6/Cu$$

gleich ist. Durch die Dissociationstheorie wird diese Erscheinung verständlich. Nur dann kommt das Anion zur Geltung, wenn es die Löslichkeit der Metallsalze sehr herabdrückt. Ferner lehren jene Formeln, dass das Metall M_1 Anode und M_2 Kathode ist, wofern die in der Klammer stehende Differenz positiv bleibt. Diese Bedingung wird erfüllt, solange P_1 den Wert von P_2 bei weitem übertrifft, und p_1 und p_2 nicht allzu sehr voneinander abweichen.

7*

Vollkommen entspricht diesen Voraussetzungen die am meisten gebrauchte Daniellsche Kette

$$\mathrm{Zn/Zn\,SO_4/Cu\,SO_4/Cu.}$$

Die elektromotorische Kraft derselben beträgt 1,114 Volt bei 18° und äquimolekularen Lösungen. Sie muss der Theorie gemäss unverändert bleiben, wenn nur der Bruch p_1/p_2 immer denselben Wert behält, d. h. die Koncentrationen der Lösungen sich stets gleich verhalten. Dagegen muss sie zunehmen, wenn die Koncentration der Zinksulfatlösung gegenüber derjenigen der Kupfersulfatlösung gering ist. Im umgekehrten Fall muss sie abnehmen. Alle diese Folgerungen werden durch die Erfahrung aufs beste bestätigt. Die Abweichungen von dem Normalwert 1,114 Volt sind immerhin nicht sehr gross. Denn wenn selbst die Koncentration der einen Lösung die der anderen um das Tausendfache übertrifft, so beläuft sich der Unterschied nur auf

$$\pm \frac{0,0002}{2}\,291 \log 1000 = \pm\,0,087\ \text{Volt.}$$

Ein besonderes theoretisches Interesse bietet noch der Fall, dass p_2 unendlich klein ist. Es muss dann $\log \dfrac{P_2}{p_2}$ grösser werden als $\log \dfrac{P_1}{p_1}$. Das Vorzeichen von π kehrt sich um, d. h. der Strom geht innerhalb der Kette vom Kupfer zum Zink, so dass das Kupfer Anode, und das Zink Kathode wird. Diese Schlüsse treffen. thatsächlich zu, wenn der Elektrolyt der Kupferelektrode eine Kaliumcyanidlösung ist. In den beiden Schenkeln des ⊓förmigen Rohres Fig. 28 sind die aus Zink bezw. Kupfer bestehenden Elektroden K und A befestigt. Der Schenkel S_1 ist bis m mit normaler Zinksulfatlösung (287:1000), der Schenkel S_2 bis n mit normaler Kaliumcyanidlösung (65 : 1000) gefüllt, und beiden Lösungen ist bis op als indifferenter Leiter eine verdünnte Kaliumsulfatlösung

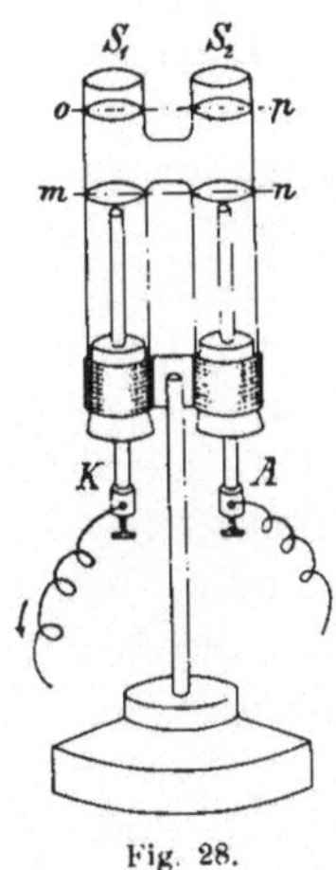

Fig. 28.

aufgeschichtet. Diese Kette bringt am Galvanoskop einen Ausschlag von etwa 15^0 in dem oben angedeuteten Sinne hervor. Bei Kurzschluss erheben sich von A aus kleine Wasserstoffblasen. Am oberen Ende von K hat sich nach 24 Stunden ein Zinkbaum gebildet. Die Vorgänge sind des näheren folgende. Das Kupfer treibt in die von $Cu^{..}$ freie Kaliumcyanidlösung Atome als Ionen hinein, wobei es sich negativ ladet. Es entsteht $Cu^{..} Cy_2''$, während die disponiblen $K_2^{..}$ an das Anion SO_4'' des Kaliumsulfats, und die $K_2^{..}$ des letzteren an das Anion SO_4'' des Zinksulfats wandern, dessen Zinkion seine Ladung an die zur Kathode werdende Zinkelektrode abgiebt. Jenes $Cu^{..} Cy_2''$ aber reagiert unter gegenseitiger Neutralisation je zweier Ladungen mit $2\,K^. Cy'$ nach der Gleichung:

$$2\,K^. Cy' + Cu^{..} Cy_2'' = K_2^{..} (Cu\,Cy_4)''.$$

Es geht das Kupfer also in das komplexe Anion $(Cu\,Cy_4)''$ über, und so kommt es, dass der Elektrolyt der Kupferanode frei von $Cu^{..}$, p_2 also unendlich klein bleibt.

Unter den gewöhnlich obwaltenden Umständen kann man, ohne einen erheblichen Fehler zu begehen, $\log p_1/p_2 = 0$ setzen. Die Formel 7) geht dann über in

$$\pi = \frac{0{,}0002}{n}\,T\,\log\frac{P_1}{P_2}\,\text{Volt} \quad \ldots \ldots \quad 8)$$

Folglich wird die elektromotorische Kraft einer der DANIELLschen Ketten wesentlich nur durch das Verhältnis der Lösungstensionen der Metalle bestimmt; und der Vorgang in der geschlossenen Kette besteht hauptsächlich darin, dass das Metall mit höherer Lösungstension seine Atome als Ionen in den angrenzenden Elektrolyten befördert, während die Kationen des zweiten Elektrolyten sich am zweiten Metall entladen. Das erste Metall wird folglich Anode, das andere Kathode. Da nun der NERNSTsche Begriff der elektrolytischen Lösungstension der Metalle sich analog dem des osmotischen Druckes erwiesen hat, insofern die bisherigen Versuche die auf Grund jener Analogie angestellten Rechnungen als richtig dargethan haben, so hat die treibende Kraft einer VOLTAschen Kette, durch welche Elektrizitätsmengen in Bewegung gesetzt werden, den Charakter einer Druckkraft. In diesem Sinne nennt OSTWALD eine VOLTAsche Kette mit Recht eine Maschine, die vom osmotischen Druck betrieben wird.

Es liegt daher nahe, die Entstehung des galvanischen Stromes an dem Modell einer Wasserleitung, wie es Fig. 29 zeigt, zu erläutern. Die Wasserbehälter K und A nebst der Pumpe P repräsentieren das galvanische Element, die Rohrleitung $a\,b\,c\,d$ den äusseren Schliessungsbogen. Ist der Quetschhahn H geschlossen, und steht die Pumpe P still, so erreicht in den kommunicierenden Röhren r_I, r_II und r_III das Wasser dieselbe

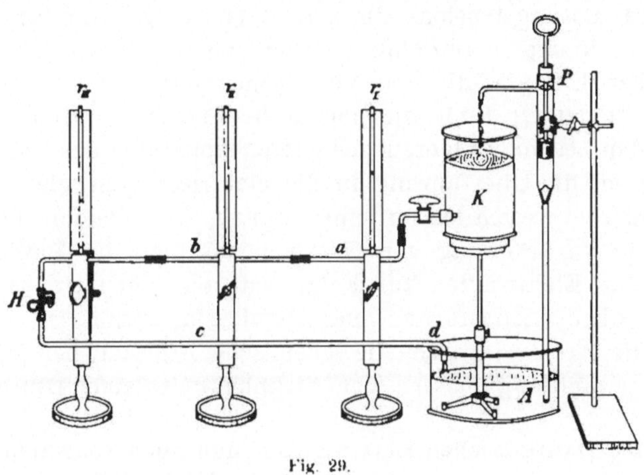

Fig. 29.

Höhe wie in K. Wird aber H geöffnet, so fällt der Wasserstand in jenen Röhren mehr und mehr ab, und bei d fliesst das Wasser in den der Anode vergleichbaren Behälter A aus. Mittels der der elektromotorischen Kraft entsprechenden Pumpe P lässt sich aber die ausgeflossene Wassermasse beständig wieder in den der Kathode analogen Behälter K heben, so dass der Abstand der Niveaus in K und A, welcher die Potentialdifferenz darstellt, stets derselbe bleibt. Je nach dem Durchmesser der Rohrleitung variiert das Quantum des ausfliessenden Wassers, gerade so wie nach dem Oнмschen Gesetz die Strommenge von dem Widerstand des Stromkreises abhängt.

4. Kapitel.

Die Reduktions- und Oxydationsketten.

Nach den Erörterungen des vorigen Abschnitts könnte man meinen, dass die Entstehung des galvanischen Stromes rein physikalischen Kräften zuzuschreiben wäre. Indessen hat jedes Metall, wie im sechsten Kapitel näher ausgeführt werden wird, eine besondere, von seiner substantiellen Natur abhängige Lösungstension, die zur chemischen Affinität des Metalles in innigster Beziehung stehen muss. Die Quelle der elektrischen Energie, die den VOLTASchen Ketten entnommen wird, ist in letzter Linie die chemische Energie. Diese erfährt in den besonders hierzu geeigneten Apparaten der VOLTAschen Ketten die Überführung in die elektrische Energie. Da es aber hierbei wesentlich auf eine Lösung des Anodenmetalls, welche die Verdrängung von Kationen aus dem die Kathode umgebenden Elektrolyten zur Folge hat, also der Hauptsache nach auf eine Expansion jenes Metalles ankommt, so entspricht die Art, wie sich die chemische Affinität bei jener Energieverwandlung äussert, der Wirkungsweise einer Druckkraft.

In den DANIELLSchen Ketten gehen nun auch thatsächlich chemische Processe vor sich. In der Kette $Zn/Zn\,SO_4/Cu\,SO_4/Cu$ wird das Zink in Zinksulfat verwandelt, und aus dem Kupfersulfat wird Kupfer gefällt. Die stofflichen Umsetzungen laufen somit darauf hinaus, dass das Zink aus dem Kupfersulfat das Kupfer ausscheidet und in äquivalenter Menge selbst in Lösung geht. Während bei diesem Process, wenn er sich nach Einsenkung eines Zinkstabes in eine Kupfersulfatlösung direkt abspielt, die chemische Energie in Wärme übergeführt wird, geht sie in der VOLTASchen Kette in elektrische Energie über. Nur ist hier der Vorgang ein indirekter, insofern er an den beiden Elektroden unter Aufnahme und Abgabe elektrischer Ladungen in zwei Phasen verläuft, nämlich

$$Zn + \overset{..}{Zn}\,SO_4'' = \overset{..}{Zn}\,SO_4'' + \overset{..}{Zn}\ \text{und}$$
$$\overset{..}{Zn} + \overset{..}{Cu}\,SO_4'' = \overset{..}{Zn}\,SO_4'' + Cu.$$

Der Process an der Anode besteht in einer Oxydation des Zinks durch das Anion SO_4''. Das Zink selbst wirkt somit als Reduktionsmittel. Der Elektrolyt der Kathode wird reduciert zu Kupfer; er wirkt daher, indem das Anion SO_4'' disponibel wird, als Oxydationsmittel.

Es ist nun das Verdienst von OSTWALD, darauf hingewiesen zu haben, dass überhaupt bei jedem zwischen einem elektrolytischen Reduktions- und Oxydationsmittel stattfindenden chemischen Process Änderungen von Ionenladungen eintreten, und zwar infolge einer verschiedenen Tendenz der Ionen, noch mehr Elektricitätsmengen aufzunehmen oder solche abzugeben. OSTWALD hat ferner dargethan, dass man einen solchen Process elektromotorisch wirken lassen kann, wenn die Elektrolyten in besondere, durch einen indifferenten Elektrolyten zu verbindende Gefässe gebracht werden, und wenn Elektroden vorhanden sind, an denen jene Ladungsänderungen erfolgen können. Als Elektroden dienen hier Platin oder Kohle, weil sie nur die metallische Leitung der Elektricitäten zu vermitteln haben, selbst aber mit den Elektrolyten keinerlei Reaktionen eingehen.

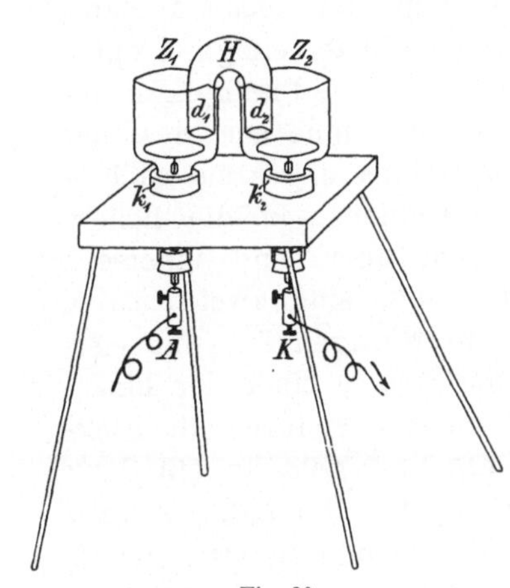

Fig. 30.

Da derartige Ketten, welche man als Reduktions- und Oxydationsketten bezeichnet, die Verwandelbarkeit der chemischen Energie in elektrische noch deutlicher als die DANIELLschen Ketten zeigen, so mögen einige derselben kurz erläutert werden. Fig. 30 stellt eine hierzu geeignete Versuchsanordnung dar. Z_1 und Z_2 sind zwei 100 cm³ fassende Zellen, wie man sie aus Flaschen, deren Boden abzusprengen ist, leicht erhalten kann. Die Halsenden, welche durch die Korke k_1 und k_2 geschoben und mittels derselben in einem tischförmigen Stativ befestigt sind, tragen die mit 3 cm grossen

Platinscheiben versehenen Elektroden K und A. Letztere werden an das Galvanoskop angeschlossen. In Z_1 giesse man bis nahe an den Rand eine schwach angesäuerte Lösung von Zinnchlorür (112 : 1000) als Reduktionsmittel (besser noch wirkt eine alkalische Zinnchlorürlösung), in Z_2 eine angesäuerte Normal-Kochsalzlösung (58,5 : 1000) und bringe beide Flüssigkeiten mittels des Hebers H, der auch mit der Kochsalzlösung zu füllen ist, in Verbindung. Die Schenkel des Hebers sind etwa 3 cm lang und liegen auf den dillenartigen, kaum 1 cm von einander entfernten Ausbuchtungen d_1 und d_2 der Zellen fest auf. Die Nadel des Galvanoskops ist noch in Ruhe, schlägt aber, sobald man mittels einer Pipette einige Tropfen Chlorwasser (oder besser Bromwasser) auf die Platinplatte der Elektrode K fliessen lässt, kräftig in dem Sinne aus, dass der Strom von K durch den äusseren Schliessungskreis nach A geht. Das $SnCl_2$ hat nämlich die Tendenz, in die höhere Chlorierungsstufe überzugehen. Dazu aber sind einerseits zwei Chlorionen erforderlich, andererseits sind zwei positive Ladungen nötig, welche aus dem zweiwertigen $Sn^{..}$ das vierwertige $Sn^{....}$ machen. In Z_2 werden aus je einer der hinzugefügten Chlormolekeln zwei Chlorionen, wodurch die Elektrode K positiv geladen wird. Ein $Sn^{..}$ geht in ein $Sn^{....}$ über, indem es zwei positive Ladungen aufnimmt. A wird dadurch negativ geladen. Die Chlorionen wandern von Z_2 nach Z_1. Der Vorgang wiederholt sich so lange, als noch Chlormolekeln an K vorhanden sind. Er lässt sich durch die Gleichung

$$Sn^{..}Cl_2{}'' + Cl_2 = Sn^{....}Cl_4{}''''$$

ausdrücken, aus welcher sich ergiebt, dass das Reduktionsmittel zwei positive und das Oxydationsmittel zwei negative Ladungen erhält. Die Elektrode des ersteren muss also Anode, die des letzteren Kathode werden, und der Strom muss von der Elektrode des Oxydationsmittels durch den Schliessungsbogen nach derjenigen des Reduktionsmittels fliessen. Die beschriebene Kette hat nach BANCROFT *(Ztschr. für physikal. Chem. 1892 S. 387)* eine elektromotorische Kraft von 1,171 Volt.

Ähnlich wie Chlorwasser wirken auch die Lösungen von

Gold- und Quecksilberchlorid. Sie stellen dem Zinnchlorür direkt Chlorionen zur Verfügung, während sich ihre Metallionen an der Kathode entladen. Das Gold bildet auf der letzteren einen glänzenden Fleck. Auch kann man in diesen Fällen als Reduktionsmittel eine Schwefeldioxydlösung und als indifferenten Elektrolyten verdünnte Schwefelsäure verwenden. Das Schwefeldioxyd oxydiert sich auf Kosten des Sauerstoffs des Wassers, dessen beide Wasserstoffatome ionisiert werden, um für die aus Z_2 ankommenden Chlorionen die Rolle der Kationen zu spielen. Die Platte A wird hierdurch wiederum negativ geladen. Bringt man Quecksilberchlorid an die Platte K, so beobachtet man sehr bald einen unterhalb derselben sich ansammelnden, deutlichen, weissen Niederschlag von Quecksilberchlorür, der bekanntlich die erste Phase der Reduktion des Quecksilberchlorids darstellt. Derselbe kann nicht durch etwa von Z_1 nach Z_2 diffundiertes Schwefeldioxyd entstanden sein, da Quecksilberchlorid nur durch koncentriertes Schwefeldioxyd, und zwar erst in der Hitze, reduciert wird.

Komplicierter, aber sehr instruktiv ist die Kette, die man erhält, wenn man Z_1 mit einer Lösung von Eisenvitriol (139 : 1000), welcher 10 cm³ Schwefelsäure zuzusetzen sind, Z_2 und H mit einer äquimolekularen Lösung von Kaliumsulfat (87 : 1000 $+$ 10 cm³ H_2SO_4) füllt und das Platinblech der Elektrode K mit einem mittels Siegellack an einen Glasstab angekitteten Krystall von Kaliumpermanganat berührt. Im Moment der Berührung schlägt die Nadel kräftig aus. Die elektromotorische Kraft ist nach BANCROFT 0,968 Volt. Der Vorgang wird durch die Gleichung

$$10\,Fe^{\cdot\cdot}SO_4{}'' + 2\,H^{\cdot}MnO_4{}' + 7\,H_2{}^{\cdot\cdot}SO_4{}'' =$$
$$5\,Fe_2{}^{\cdot\cdot\cdot}(SO_4)_3{}'''' + 2\,Mn^{\cdot\cdot}SO_4{}'' + 8\,H_2O$$

erklärt. Die O_8 der beiden $H\,Mn\,O_4$ geben mit den H_2 der letzteren und den $7\,H_2$ der $7\,H_2SO_4$ acht Moleküle Wasser. Hierbei werden 16 positive Ladungen disponibel. Davon werden 10 durch den Schliessungsdraht an die 10 $Fe^{\cdot\cdot}$ befördert, die in Ferriionen übergehen, und die anderen 6 von den $2\,Mn\,O_4{}'$ verbraucht, aus denen unter Neutralisation je zweier positiver und negativer Ladungen zwei $Mn^{\cdot\cdot}$ werden.

Mit Hilfe des Apparates Fig. 30 lassen sich noch verschiedene Ketten konstruieren, in denen durch chemische Processe, die zu den genannten in gewisser Beziehung stehen, elektrische Energie gewonnen werden kann. Um so die Fällung des Chlorsilbers nach der Gleichung

$$Na\,Cl + Ag\,NO_3 = Ag\,Cl + Na\,NO_3$$

elektromotorisch wirksam zu machen, lege man auf die Platinbleche der Elektroden A und K polierte Silberbleche, fülle die Zelle Z_1 mit einer Kochsalzlösung und die Zelle Z_2 nebst dem Heber H mit einer äquimolekularen Natriumnitratlösung. Die Kette lässt in diesem Zustand am Galvanoskop noch keinen Strom erkennen. Aber die Nadel schlägt sofort aus, wenn man auf das Silberblech der Elektrode K einen Silbernitratkrystall bringt. Der Erfolg besteht darin, dass vom Silberblech der Zelle Z_1 Silberionen in Lösung gehen, und auf dem Silberblech in Z_2 sich Krystalle von metallischem Silber ausscheiden. Da nun in der Kochsalzlösung nur eine geringe Zahl von Silberionen existieren kann, so wird das Silberblech in Z_1 sehr bald mit einer Schicht von Chlorsilber bedeckt, das sich am Licht schwärzt. Jene Kette schliesst sich somit den Reduktions- und Oxydationsketten an, lässt sich aber auch als eine Koncentrationskette ansehen, da die Silberionen in Z_1 und Z_2 in sehr abweichender Koncentration vorhanden sind.

Ferner ist es nach OSTWALD (*Naturw. Rdsch. VIII, S. 573*) möglich, die bei der Neutralisation von Schwefelsäure und Kaliumhydroxyd frei werdende chemische Energie in elektrische überzuführen. Man bringe in die Zelle Z_2 Normalschwefelsäure und in die Zelle Z_1 sowie den Heber H Halbnormalkaliumsulfatlösung. Legt man nun auf das Platinblech der Elektrode A ein mit Wasserstoff elektrolytisch gesättigtes, etwa 4 cm^2 grosses Palladiumblech und berührt dasselbe kurze Zeit mit einer Ätzkalistange, so steigen von dem Platinblech der Elektrode K Wasserstoffbläschen auf, und die Nadel des Galvanoskops zeigt einen kräftigen Strom an, welcher von K ausgeht. Das präparierte Palladiumblech wirkt hier wie fester Wasserstoff. Bekanntlich hat das Palladium die Fähigkeit, Wasserstoff in solchen Mengen zu absorbieren, dass derselbe sogar mit Flamme verbrennt, wenn man das Blech kurze Zeit erhitzt. Der vom Palladium adsorbierte Wasserstoff besitzt nun wie die Metalle ein gewisses Ionisierungsbestreben, und indem er Ionengestalt annimmt, wird die Elektrode A negativ geladen. Die entstandenen H· begegnen aber den OH′ des Kaliumhydroxyds und verbinden sich mit ihnen zu neutralem Wasser, während die K· nach Z_2 wandern, wo sie die H· der Schwefelsäure zwingen, sich an der Elektrode K zu entionisieren. Die Processe laufen also, wie stets bei der Salzbildung aus Säure und Base, auf die Bildung von Wasser hinaus:

$$2\,KOH + H_2\,SO_4 = K_2\,SO_4 + H_2\,O.$$

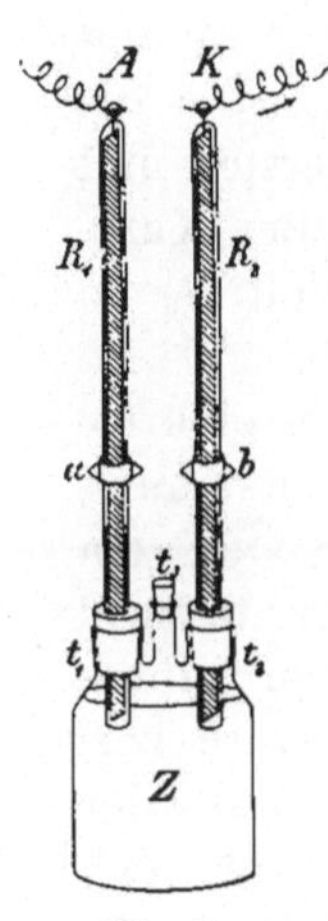

Fig. 31.

Das Eigenartige des Vorgangs in jener Kette besteht nur darin, dass den Hydroxylionen der Base der zur Wasserbildung erforderliche Wasserstoff in Form von adsorbiertem Wasserstoff, der sich an der Anode erst ionisieren muss, geboten wird. Eines besonderen Aufwandes von Wasserstoff bedarf es aber nicht, da das Wasserstoffquantum, welches in Z_1 verbraucht wird, in Z_2 wieder erhalten wird.

Den Reduktions- und Oxydationsketten reiht OSTWALD auch die Gasketten, über deren Theorie viel gestritten ist, an und giebt auf diese Weise eine sehr einfache Erklärung über die Entstehung des Stromes derselben. Am kräftigsten wirkt die Wasserstoff-Chlorkette. Die etwa 200 cm³ grosse Zelle Z (Fig. 31) ist mit den drei Tuben t_1, t_2 und t_3 versehen. Der mittlere Tubus muss eng sein, damit die Entfernung der beiden seitlichen gering ausfällt. t_1 und t_2 enthalten die 20 cm langen und 1 cm weiten Röhren R_1 und R_2. An den oberen Enden derselben sind die Ableitungsdrähte der platinierten Platinblechstreifen A und K eingeschmolzen. Der ganze Apparat wird mit verdünnter Schwefelsäure gefüllt. Dann lässt man im Rohr R_1 bis a elektrolytisch Wasserstoff entstehen, indem man A kathodisch und ein durch t_3 gestecktes Platinblech anodisch mit einer Stromquelle verbindet. In das Rohr R_2

führt man bis b Chlor ein. Bringt man von K nach A den Schliessungsbogen an, so erhält man einen kräftigen Strom von 1,42 Volt. Ein einziges solches Gaselement genügt, um einen empfindlichen Wecker in Bewegung zu setzen.

Nach OSTWALD sind nur solche Elektroden für Gasketten geeignet, welche Gase zu adsorbieren vermögen. Denn nur im adsorbierten Zustand ist ein Gas, insbesondere der Wasserstoff, imstande, seine elektrolytische Lösungstension zu äussern. In der Wasserstoff-Chlorkette entsteht nun der Strom gerade so wie in der oben angeführten Zinnchlorür-Chlorkette. In R_2 bilden sich leicht Chlorionen ($Cl_2 = 2\,Cl' + 80200$ cal.), wobei K positiv geladen wird. Dieselben ziehen von R_1 Wasserstoffionen an, so dass hier der adsorbierte Wasserstoff genötigt ist, neue Ionen zu bilden. Die Elektrode A nimmt folglich eine negative Ladung an. Während der Strom die Kette passiert, verschwinden gleiche Volumina Wasserstoff und Chlor, wie es das FARADAYsche Gesetz verlangt. Bei Kurzschluss steigt die Flüssigkeit in den Röhren R_1 und R_2 in einer Stunde um je 3 cm empor.

Die Wasserstoff-Sauerstoffkette hat die geringere elektromotorische Kraft von 1,08 Volt. Die Erklärung der Entstehung des Stromes in derselben ist etwas komplicierter. Je ein Sauerstoffatom der Kathodenseite verbindet sich mit je zwei H·, nachdem letztere ihre Ladungen an K abgegeben haben, zu Wasser, und das disponible SO_4'' der Schwefelsäure veranlasst je zwei Atome des adsorbierten Wasserstoffs der Anodenröhre, als Ionen in Lösung zu gehen, wodurch sich die Anode negativ ladet. In dem Masse nun, als sich von der Anode adsorbierter Wasserstoff in Ionenform entfernt, werden von dem Gasvorrat neue Wasserstoffmengen adsorbiert, und so kommt es, dass die Gasvolumina des Sauerstoffs und Wasserstoffs im Verhältnis von 1 : 2 abnehmen.

Kräftigere Wirkungen als mit einer einzelnen Gaszelle erzielt man mittels der folgenden Batterie (Fig. 32). An der Längsseite l eines rechteckigen Brettes A bringe man in einem Abstand von 15 mm fünf, an der andern l' vier mit jenen abwechselnde enge Durchbohrungen an, stecke durch dieselben die Platindrähte, die an dünne, 43×67 mm grosse, platinierte Platinbleche angenietet sind, und lege die Drahtenden fest um die beiden dicken Kupferstäbe $a\,b$ und $c\,d$, welche mittels Drahtösen in rinnenartigen Vertiefungen des Brettes befestigt sind. Damit sich die parallel gerichteten Bleche nicht verschieben, wird zwischen dieselben auf der Unterseite des Brettes Paraffin gegossen. Die ganze Vorrichtung wird in ein trogförmiges, mit verdünnter Schwefelsäure (1 : 12) gefülltes Glasgefäss eingesenkt. Wie aus der Figur zu ersehen ist, wird das Ende a desjenigen Kupferstabes, an welchem die vier Platinbleche hängen, mittels des Umschalters U (Stöpsel in e) mit dem positiven Pol einer aus zwei Akkumulatoren bestehenden Batterie B, das Ende c des mit den fünf Platinblechen befestigten Kupferstabes direkt mit dem negativen Pol der Batterie verbunden. Der ladende Strom bewirkt in der Gasbatterie eine deutliche Gasentwickelung. Nach 5 Minuten der Ladung zeigt der Strom der Gasbatterie anfangs

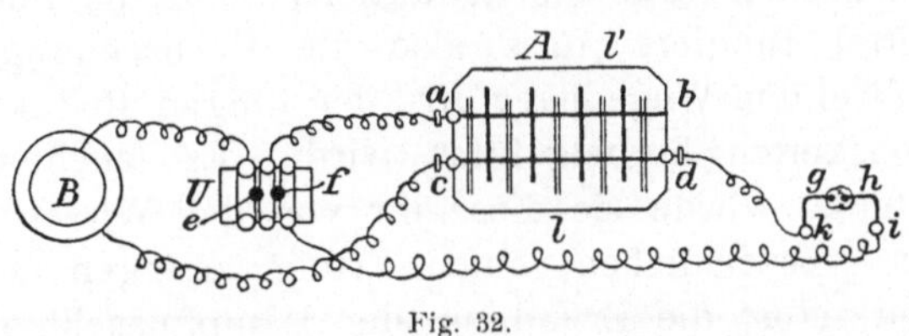

Fig. 32.

eine Spannung von 1,5 Volt, die bei Einschaltung eines Widerstandes von 1127 Ohm nach 50 Minuten noch 0,7 Volt beträgt. Es spricht dies für eine verhältnismässig grosse Kapacität des Apparates, welche durch die von den Platinblechen okkludierten Gasmengen bedingt ist. Der Entladungsstrom ist stark genug, einen sehr dünnen, 5 mm langen Platindraht durchzuschmelzen. Diese Wirkung lässt sich dadurch deutlich veranschaulichen, dass man auf einem Brettchen zwei isolierte Kupferdrähte in einer Entfernung von 5 mm vertikal befestigt, die oberen Enden derselben g und h durch ein Stück jenes Platindrahtes verbindet, denselben mit frischer Kollodiumwolle umwickelt und die unteren Enden i und k an d und U anschliesst. Steckt man nach 3 bis 5 Minuten langer Ladung der Gasbatterie den Stöpsel in f ein, so wird die Kollodiumwolle sofort entzündet.

J. Thomsen hatte im Jahre 1865 *(Pogg. Ann. 124, 498)*

eine Gasbatterie von 50 Zellen mit je zwei Platinplatten konstruiert, von denen mittels eines auf einem kreisförmigen Schaltbrett in der Minute 20 bis 25 mal rotierenden Radius je eine Zelle momentan durch den Strom eines GROVEschen Elementes geladen wurde, während immer die übrigen 49 hintereinander geschalteten Zellen einen konstanten Entladungsstrom von $49 \times 1{,}46 = 72$ Volt. ergaben. Es ist von historischem Interesse, dass dieser sinnreiche Apparat, der schon das Princip der heute gebräuchlichen Akkumulatoren zeigt, im Telegraphendienst zu Kopenhagen seinerzeit Verwendung gefunden hat.

Schliesslich sei an dieser Stelle des Problems, das von OSTWALD angeregt ist *(Elektrotechnische Ztschr. XV, 329, 1894)*, gedacht, des Problems nämlich, die chemische Energie des Kohlenstoffs direkt in elektrische dadurch überzuführen, dass die Kohle in einer galvanischen Kette als Reduktions-, und die Luft als Oxydationsmittel fungiert, dass also die Verbrennung der Kohle auf indirektem Wege nach Art der obigen Reduktions- und Oxydationsketten herbeigeführt wird. Es leuchtet ein, dass die Technik, würde sie diese ihr von der Wissenschaft gegebene Idee verwirklichen, einen Erfolg erringen würde, gegen welchen selbst die Erfindung der Dampfmaschine verschwindet.

———

5. Kapitel.

Beziehungen zwischen chemischer und elektrischer Energie.

Lange Zeit nahm man der THOMSONschen Regel gemäss an, dass die von einer VOLTAschen Kette gelieferte elektrische Energie gleich dem gesamten Verlust der Kette an chemischer Energie wäre, welcher durch die in cal. ausgedrückte Wärmetönung der stattfindenden Processe gegeben ist. Die elektrische Energie beträgt pro g-Atom der an den Processen beteiligten Metalle $n\pi$ 96500 Volt-Coul., wenn n die Valenz des Atoms ist. Da 1 Volt. $\times$ 1 Coul. $= 4{,}18 \cdot 10^7$ Erg $= 0{,}2392$ cal. ist, so ist jene Energiemenge $= n\pi\,96500 \cdot 0{,}2392 = n\pi\,23090$ cal. Bezeichnet nun Q die ebenfalls auf 1 g-Atom bezogene Wärmetönung, so müsste nach obiger Regel

$$\pi = \frac{Q}{n \cdot 23090}\ \text{Volt.}$$

sein.

Für die Zink·Kupferkette erwies sich diese Formel in der That fast vollkommen richtig. Denn für den Process $Zn + Cu\,SO_4 = Zn\,SO_4 + Cu$ ist $Q = 50130$ cal, weil $(Zn,\ O,\ SO_3\ aq) = 106090$ cal. und $(Cu,\ O,\ SO_3\ aq) = 55960$ cal. ist. Somit berechnet sich

$$\pi = \frac{50130}{2 \cdot 23090} = 1{,}09\ \text{Volt.,}$$

während durchschnittlich 1,10 Volt. gemessen werden.

Bei genauerer Prüfung der anderen DANIELLschen Ketten stellten sich aber zwischen beiden Energiegrössen erheblichere Differenzen heraus, so dass die allgemeine Gültigkeit der THOMSONschen Regel nicht anerkannt werden konnte.

Man fand bald, dass in gewissen DANIELLschen Ketten die elektromotorische Kraft mit der Temperatur zunimmt, in anderen abnimmt. Die Beziehung der elektromotorischen Kraft einer DANIELLschen Kette zur Wärmetönung und zur Temperatur ermittelte H. v. HELMHOLTZ aus rein thermodynamischen Betrachtungen durch die Gleichung

$$23090 \cdot n \cdot \pi = Q \pm 23090\,n\,T\,\frac{d\pi}{dT}$$

Hier bedeutet $d\pi/dT$ den Temperaturkoefficienten der Kette, und das Produkt $23090\,n\,T\,d\pi/dT$ die sekundäre Wärmemenge, welche die Kette von aussen aufnehmen $(+)$ bezw. nach aussen abgeben $(-)$ müsste, damit T konstant bliebe. Ist $d\pi/dT$ positiv, so ist π grösser, ist es negativ, so ist π kleiner, als die Berechnung aus der Wärmetönung allein ergiebt. Im ersteren Fall arbeitet die Kette mit Abkühlung, im letzteren mit Erwärmung, und die Ursache dieser Erscheinung ist in den Wärmeänderungen zu suchen, welche beim Übergang des Stromes von einem Leiter zum anderen statthaben.

Die Richtigkeit obiger Gleichung ist durch den Versuch vollkommen bestätigt. Es ergab sich eine befriedigende Übereinstimmung zwischen dem gefundenen und dem auf Grund der experimentell ermittelten Werte von π und Q berechneten Temperaturkoefficienten (siehe *Jahn, Grundsätze der Thermochemie, 1892, S. 127*).

Von grosser Wichtigkeit aber ist es, dass OSTWALD *(Lehrbuch der allgemeinen Chemie, 1893, II. S. 858)* zu derselben Gleichung wie H. v. HELMHOLTZ auf dem Wege der Rechnung gelangte, indem er von der Formel

$$\pi = \frac{0{,}0002}{n}\, T \log \frac{P_1}{P_2}$$

ausging und auf die Grössen P_1 und P_2 die Gesetze des osmotischen Druckes anwendete. Dieses Resultat darf daher als eine vorzügliche Begründung der NERNSTschen Theorie der Stromerzeugung angesehen werden.

---

6. Kapitel.

Die Lösungstension der Metalle.

Wollte man die NERNSTsche Theorie der Strombildung, nach welcher die elektromotorische Kraft einer DANIELLschen Kette mit äquimolekularen Elektrolyten durch die Gleichung 8) bestimmt ist, durch den Versuch direkt prüfen, so müsste man die Werte P der Lösungstensionen der Metalle experimentell ermitteln. Nun macht es zwar keine grosse Mühe, die Metalle nach den Lösungstensionen in eine Reihe zu ordnen. Man hat nur nötig festzustellen, ob ein Metall das andere aus der Lösung eines seiner Salze zu fällen, also auf Grund einer höheren Lösungstension den Kationen des letzteren die elektrischen Ladungen zu entziehen vermag. Für die bekannteren Metalle würde sich somit die Reihenfolge: Zn, Cd, Fe, Pb, Cu, Hg, Ag ergeben. Aber es ist bisher noch nicht gelungen, die Werte P quantitativ zu bestimmen.

Dennoch ist es möglich, sie zu berechnen, nämlich mit Hülfe der für die Potentialdifferenz p zwischen einem Metall und der Lösung eines seiner Salze geltenden Gleichung:

$$p = \frac{0{,}0002}{n} \, T \log \frac{P}{p}.$$

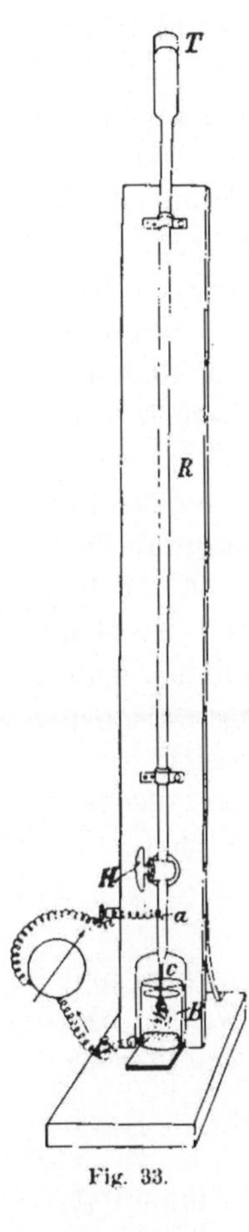

Fig. 33.

In derselben sind die Werte von n, T und p unmittelbar gegeben, und in den letzten Jahren, seitdem man eine Elektrode gefunden hat, welche gegen die Elektrolyte keine Potentialdifferenz aufweist, sind auch die Schwierigkeiten, die einer empirischen Bestimmung der Grösse p bisher entgegenstanden, im Princip überwunden. Den Weg hierzu zeigte OSTWALD, indem er auf das Verhalten des aus einer Kapillaren in verdünnte Schwefelsäure schnell abtropfenden Quecksilbers hinwies. Folgender Versuch mag zur näheren Orientierung dienen. Das 8 mm weite und 1 m lange Glasrohr R (Fig. 33) wird mit Quecksilber gefüllt. Es ist mit dem Trichter T, dem Hahn H, dem eingeschmolzenen Platindraht a und der aus einem Thermometerrohr ausgezogenen, etwa $^1/_3$ mm weiten Kapillaren c versehen. Der Becher B enthält verdünnte Schwefelsäure (1 : 3), deren Niveau ungefähr 1 cm unter c liegt, und Quecksilber, an welches mittels des eingeschmolzenen Platindrahtes b (der Buchstabe b fehlt in der Figur) ein Leitungsdraht angelegt ist. Öffnet man nun

den Hahn H, so verteilt sich der ausfliessende Quecksilber-
strahl erst 1 cm unterhalb der Spitze c in Tropfen, und man
beobachtet, obwohl beide Elektroden aus demselben Metall
bestehen, an dem an a und b angeschlossenen Galvanoskop
einen Strom, welcher von b ausgeht.

Derselbe entsteht nach der durch die LIPPMANNschen Versuche gestützten HELMHOLTZschen Theorie infolge der Beziehungen der Oberflächenspannung des Quecksilbers zu elektrischen Potentialen. Die Kette $Hg/H_2SO_4/Hg$ ist zwar an
sich stromlos, denn beide Quecksilberelektroden haben gegen
die mit Merkurosulfat sich bald sättigende Schwefelsäure ein
gleiches positives Potential. **Indem aber das Quecksilber
der Strahlelektrode Tropfenform annimmt, entzieht
es dieser die positive Ladung** und giebt sie im Moment,
wo sich die Tropfen mit dem Quecksilber des Bechers B vereinigen, an letzeres wieder ab.

PASCHEN *(Wied. Ann. 41, S. 42. 1890)* hat nun der Strahlelektrode eine Form gegeben, in welcher ihre Potentialdifferenz gegen den Elektrolyten wirklich gleich Null ist. Folglich kann man, indem man das betreffende Metall in den
Elektrolyten einsenkt und dasselbe nebst der Strahlelektrode
mit dem Elektrometer verbindet, den Potentialsprung zwischen
dem Metall und dem Elektrolyten in der That messen.

Am sichersten ist bisher die Potentialdifferenz zwischen
Quecksilber und Merkurosulfat ermittelt. Es ergab sich

$$\overrightarrow{Hg/Hg_2SO_4} = -0{,}99 \text{ Volt.}$$

Mit Hülfe dieses Wertes folgt aus der von WRIGHT und
THOMPSON bei 18^0 gemessenen elektromotorischen Kraft $1{,}514$
Volt der Kette $Zn/ZnSO_4/Hg_2SO_4/Hg$ die Potentialdifferenz

$$\overrightarrow{Zn/ZnSO_4} = 1{,}514 - 0{,}99 = +0{,}524 \text{ Volt.}$$

Dieser Wert ist jedoch noch etwas zu gross, da die Zinksulfatlösung nur zu $80\,^0/_0$ dissociiert ist. Er ist daher um

$$^1/_2 \cdot 0{,}0002 \cdot 291 \cdot \log{}^{100}/_{80} = 0{,}003 \text{ Volt}$$

zu vermindern, so dass der korrigierte Wert $\mathfrak{p}$ für

$$\overrightarrow{Zn/ZnSO_4} = +0{,}521 \text{ Volt}$$

ist. PASCHEN fand mittels der Strahlelektrode bei einer zweifach normalen Zinksulfatlösung die Zahl 0,5187, die für eine Normallösung auf 0,523 steigen, obigem Wert also sehr nahe kommen würde. Aus der bei 18^0 gemessenen elektromotorischen Kraft 1,10 Volt der Kette

$$Zn/Zn\,SO_4\ norm./Cu\,SO_4\ norm./Cu$$

erhält man ferner für die Potentialdifferenz

$$Cu\,SO_4\ norm./Cu \longrightarrow$$

den Wert $1,10 - 0,521 = +\,0,579$ Volt. Mithin ist die Potentialdifferenz

$$Cu/Cu\,SO_4\ norm. \longrightarrow = -\,0,579\ Volt,$$

d. h. der Elektrolyt würde das Potential $-\,0,579$ Volt haben, wenn das des Kupfers gleich Null gesetzt wird. Statt des Wertes $-\,0,579$ Volt ist aber unter Berücksichtigung des Dissociationsgrades des Elektrolyten der genauere Wert $-\,0,582$ zu setzen.

So lässt sich die Potentialdifferenz der verschiedenen Metalle M gegen die Normallösungen ihrer Salze berechnen, wenn man von dem Werte 0,521 die empirisch bestimmbare Potentialdifferenz der Kette $Zn/Zn\,SO_4/M\,SO_4/M$ subtrahiert. In der folgenden Tabelle XIII sind unter A die betreffenden, mit äquimolekularen Lösungen konstruierten DANIELLschen Ketten, unter B die elektromotorischen Kräfte derselben, welche von den unter C namhaft gemachten Autoren bei 18^0 gemessen sind, und unter D die berechneten und korrigierten Potentialdifferenzen $\mathfrak{p}$ der Metalle gegen die Normallösungen ihrer Salze verzeichnet.

Tab. XIII.

A.	B.	C.	D.
$Zn/Zn\,SO_4/Mg\,SO_4/Mg \longrightarrow$	$-\,0,725$ Volt	Wright u. Thompson	$Mg/Mg\,SO_4 \longrightarrow = +\,1,243$ Volt
$Zn/Zn\,SO_4/Cd\,SO_4/Cd$	$+\,0,360$ „	F. Braun	$Cd/Cd\,SO_4 = +\,0,158$ „
$Zn/Zn\,SO_4/Fe\,SO_4/Fe$	$+\,0,440$ „	F. Braun	$Fe/Fe\,SO_4 = +\,0,078$ „

A.	B.	C.	D.
$Zn/Zn\,SO_4/Pb\ acet/Pb$	$+\,0{,}607$ Volt	Wright u. Thompson	$Pb/Pb\ acet. = -\,0{,}089$ Volt
$Zn/Zn\,SO_4/Cu\,SO_4/Cu$	$+\,1{,}100$ „	F. Braun	$Cu/Cu\,SO_4 = -\,0{,}582$ „
$Zn/Zn\,SO_4/Ag_2\,SO_4/Ag_2$	$+\,1{,}539$ „	Wright u. Thompson	$Ag_2/Ag_2\,SO_4 = -\,1{,}024$ „

Die in der Kolumne D stehenden Zahlen sind für die Metalle charakteristische Grössen, wofern nur die Temperatur von 18^0 und die Koncentration der Normallösungen ihrer Salze vorausgesetzt wird. Die Natur der Anionen ist im allgemeinen gleichgültig. Sie kommt wesentlich dann erst in Betracht, wenn sie die Löslichkeit der Salze stark vermindert. Zwar dürften jene Werte noch mit Fehlern von einigen Hundertsteln Volt behaftet sein, weil sie sämtlich auf einer einzigen Messung, nämlich der der Potentialdifferenz zwischen Quecksilber und Merkurosulfat, beruhen. Aber es ist nur eine Frage der Zeit, dass Messmethoden ausfindig gemacht werden, welche zu noch genaueren Bestimmungen der $\mathfrak{p}$-Werte führen. Das Vorzeichen dieser Werte wird gemäss der Gleichung für $\mathfrak{p}$ durch das Verhältnis der Werte von P und p bedingt, ist also, da für Normallösungen $p = 22{,}3$ Atm. zu setzen ist, nur von P abhängig.

Aus jener Gleichung lassen sich die Grössen P berechnen. In der Tabelle XIV sind die Resultate zusammengestellt.

Die Lösungstensionen der Metalle zeigen somit abgesehen vom Blei teils sehr hohe, teils sehr niedrige, auf den ersten Blick schwer verständliche Werte. Vergegenwärtigt man sich aber, dass man im Sinne der NERNSTschen Theorie unter der Lösungstension eines Metalles das Bestreben desselben versteht, den osmotischen Gegendruck der in der Lösung bereits vorhandenen Kationen zu überwinden, um seine Atome selbst in Lösung zu bringen, so müssen die Zahlen der Kolumne 3 diejenigen osmotischen Drucke bedeuten, welche die Kationen des Elektrolyten eben aufweisen müssten, damit die Ionisierung unmöglich wäre, und der Wert $\mathfrak{p}$ gleich Null würde. Dies wäre der Fall, wenn in einem Liter der Sulfatlösung die

Tab. XIV.

1	2	3	4
Metall	Valenz	Lösungstension P in Atmosphären	Gewicht der Metalle in 1 Liter Sulfatlösung in Grammen
Mg	2	$0{,}115 \cdot 10^{44}$	$1{,}238 \cdot 10^{13}$
Zn	2	$1{,}786 \cdot 10^{19}$	$0{,}520 \cdot 10^{20}$
Cd	2	$0{,}599 \cdot 10^{7}$	$3{,}166 \cdot 10^{7}$
Fe	2	$1{,}068 \cdot 10^{4}$	$2{,}676 \cdot 10^{4}$
Pb	2	$1{,}950 \cdot 10^{-2}$	$1{,}805 \cdot 10^{-1}$
Cu	2	$2{,}228 \cdot 10^{-19}$	$0{,}313 \cdot 10^{-20}$
Hg	1	$2{,}178 \cdot 10^{-16}$	$0{,}390 \cdot 10^{-16}$
Ag	1	$0{,}567 \cdot 10^{-18}$	$0{,}547 \cdot 10^{-19}$

mittels der Formel $pV = RT$ berechneten, in Grammen ausgedrückten Mengen der Metalle (Kolumne 4) enthalten wären. Diese Mengen sind aber ausser beim Blei ebenfalls entweder sehr hoch oder sehr niedrig, so dass sie die in einem Liter der Normalsulfatlösungen vorhandenen Atommengen der Metalle (für Hg und Ag die doppelten Atommengen) entweder bedeutend übertreffen oder hinter ihnen bedeutend zurückbleiben.

Hieraus ergiebt sich, dass die $\mathfrak{p}$-Werte für die Metalle Mg, Zn, Cd, Fe stets positiv, und die der Metalle Cu, Hg, Ag stets negativ sein müssen, selbst wenn die Koncentrationen der Elektrolyte innerhalb weiter Grenzen schwanken. Es wird dies verständlich, wenn man der Lösungstension der Metalle den Charakter eines osmotischen Druckes zuschreibt und die Theorie der elektrolytischen Dissociation, nach welcher ein Energieverbrauch zur Spaltung der Molekeln des Elektrolyten in seine Ionen nicht mehr in Frage kommt, anerkennt. Man begreift, dass der Elekrolyt, in welchen Zink eingetaucht wird, ein positives, und das Metall selbst ein negatives Potential annimmt, weil eben die Tendenz vorhanden ist, dem Elektrolyten positiv geladenene Ionen zuzuführen. Beim Kupfer aber muss der umgekehrte Fall eintreten, denn der osmotische Druck der Kupferionen des Elektrolyten überwiegt die Lösungstension des Kupfers. Daher ist die Disposition gegeben, dass Kationen ihre positiven Ladungen an das Kupfer abgeben, und der Elektrolyt ein negatives Potential erhält. Wird nun die Kette $Zn/ZnSO_4/CuSO_4/Cu$ geschlossen, so tritt sowohl die Lösungstension des Zinks, als auch der osmotische Druck der Kupferionen dauernd in Wirksamkeit, und die Folge dieser Kraftäusserungen ist, dass der elektrische Strom im Schliessungsbogen vom Kupfer zum Zink, von der Kathode zur Anode geht.

Sollen die $\mathfrak{p}$-Werte der Tabelle XIII richtig sein, so muss die experimentell ermittelte elektromotorische Kraft π einer Kette, welche aus irgend zwei Metallen jener Reihe und ihren äquimolekularen Salzlösungen kombiniert ist, gleich sein der Differenz der für diese Metalle berechneten $\mathfrak{p}$-Werte. Die Erfahrung bestätigt diesen Schluss. So fand STREINTZ für die Kette $Cd/CdSO_4/CuSO_4/Cu$

$$\pi = 0{,}743 \text{ Volt,}$$

und die Rechnung ergiebt

$$+\,0{,}158 + 0{,}579 = 0{,}737 \text{ Volt.}$$

An der Kette $Mg/MgSO_4/Ag_2SO_4/Ag$ beobachtete man

$$\pi = 2{,}212 \text{ Volt,}$$

während sich

$$\pi = +\,1{,}243 + 1{,}012 = 2{,}255 \text{ Volt}$$

berechnet.

Auch durch den Versuch kann der Unterschied der elektromotorischen Kräfte dieser beiden Ketten mittels des Galvanoskops leicht demonstriert werden, wenn man letztere so konstruiert, dass die Dimensionen der entsprechenden Metalle gleich, und die Koncentrationen der Elektrolyte äquimolekular sind. In kleine Thonzellen (7×2 cm) stecke man die Anoden, nämlich 9 mm dicke, gegossene Stäbe von Kadmium bezw. Magnesium. Als Kathoden dienen cylindrisch gebogene Bleche aus Kupfer bezw. Silber, welche 6 cm hoch und 8 cm breit sind. Die Elektrolyte enthalten auf 1 Liter Wasser 10 g Kadmiumsulfat, 9,3 g Kupfersulfat, 9,3 g Magnesiumsulfat und

11,5 g Silbersulfat. Dem Galvanoskop werden 500 Ohm vorgelegt. Die Kadmium-Kupferkette ergiebt dann den Ausschlag 7, die Magnesium-Silberkette den Ausschlag 15.

Aus jenen Übereinstimmungen zwischen Theorie und Empirie folgt ferner im Einklang mit der NERNSTschen Theorie, dass die elektromotorische Kraft einer Kette ihren Sitz wesentlich an den Stellen hat, wo die Metalle mit ihren Elektrolyten aneinander grenzen.

Schaltet man endlich zwei verschiedene DANIELLsche Ketten von der Beschaffenheit, dass die Kathode der einen und die Anode der andern aus demselben Metall bestehen, hinter einander, so lässt sich erwarten, dass die gesamte elektromotorische Kraft der Kombination gleich derjenigen der Kette ist, welche die Anode der einen als Anode und die Kathode der andern als Kathode enthält. Für die Kombination der Ketten $Zn/ZnSO_4/CdSO_4/Cd$ und $Cd/CdSO_4/CuSO_4/Cu$ berechnet sich

$$\pi = (0{,}521 - 0{,}158) + (0{,}158 + 0{,}582) = 1{,}103 \text{ Volt,}$$

und thatsächlich ist für die Kette $Zn/ZnSO_4/CuSO_4/Cu$ der nämliche Wert gefunden.

Somit führen die vorstehenden Erörterungen dazu, jene nach den $\mathfrak{p}$-Werten geordnete Reihe der Metalle als die wahre elektrische Spannungsreihe anzusehen. Dieselbe ist wesentlich chemischer Natur, da die Lösungstension eine chemische Konstante der Metalle ist (auch gemäss der Oxydationsfähigkeit ordnen sich die Metalle nach derselben Reihe).

Die früher aufgestellten Spannungsreihen sollten sich auf die Potentialdifferenzen der Metalle unter sich beziehen, wie man sie mittels des Kondensators durch Messungen in freier Luft glaubte ermittelt zu haben, und man war der Ansicht, dass jene Potentialdifferenzen fast ausschliesslich bei der Entstehung der elektromotorischen Kräfte VOLTAscher Ketten massgebend wären. Indessen übersah man, dass die Isolierfähigkeit der Isolierschicht des Kondensators keine absolute ist, da der Feuchtigkeits- und Salzgehalt der Luft bei den Messversuchen wie ein Elektrolyt wirkt. Thatsächlich sind nach EDLUNDS Untersuchungen über die Peltierwärmen die Potentialdifferenzen der Metalle untereinander sehr kleine

Grössen, welche die elektromotorischen Kräfte der VOLTAschen Ketten nur wenig beeinflussen.

Es ist daher dringend geboten, von den früheren Spannungsreihen abzusehen, um so mehr, als es dem Gesetz der Erhaltung der Energie völlig widerspricht, dass durch die blosse Berührung zweier Körper elektrische Energie gewonnen werden könnte. Ausserdem ist nach der Kontakttheorie nicht einzusehen, welche Rolle die Elektrolyten bei der Stromerzeugung spielen, und welche Bedeutung die chemischen Processe in den Ketten haben sollten.

In betreff des Wasserstoffs sei bemerkt, dass derselbe nach seinem ganzen Wesen als ein Metall zu betrachten ist, zumal da er von gewissen Metallen, insbesondere vom Palladium, in grosser Menge aufgenommen wird und mit diesem Produkte liefert, welche als Legierungen gelten müssen. Sättigt man nun auf elektrolytischem Wege eine kleine Palladiumplatte mit Wasserstoff und senkt sie in eine Kupfersulfatlösung, so bedeckt sie sich sehr bald mit einer glänzenden Schicht von Kupfer. Ebenso werden Au, Pt, Ag, Hg gefällt, nicht aber Pb, Fe, Cd, Zn, Mg. Im Einklang hiemit steht die Thatsache, dass die Metalle der letzten Art sich in Säuren unter Wasserstoffentwickelung lösen, während die Metalle der ersten Art, falls sekundäre Reaktionen wie bei der Salpetersäure ausgeschlossen sind, aus den Säuren keinen Wasserstoff entwickeln. Die Lösungstension des vom Palladium adsorbierten Wasserstoffs muss also einen Wert haben, der zwischen derjenigen des Kupfers und derjenigen des Bleis liegt. In der That fand man durch den Versuch bei 17^0 zwischen einer Palladium-Wasserstoffplatte und einer normalen Säure die Potentialdifferenz — 0,23 Volt, wenn das Potential der ersteren gleich Null gesetzt wird; und hieraus ergiebt die Rechnung für die Lösungstension des Wasserstoffs den Wert von $2{,}414 \cdot 10^{-3}$ Atm.

Von den künftigen Forschungen der Elektrochemiker ist zu erwarten, dass die Reihe der $\mathfrak{p}$-Werte weiter vervollständigt wird. Diese der Zukunft vorbehaltenen Arbeiten werden aber nicht nur zum genaueren Ausbau der neuen elektrochemischen Theorie beitragen, sondern auch, wie OSTWALD hervorhebt, auf die reine Chemie fruchtbringend einwirken, namentlich insofern, als sie eine Bestimmung der chemischen Affinität ermöglichen werden.

Die genauere Kenntnis der Spannungsreihe der Metalle in Elektrolyten hat ferner ein besonderes praktisches Interesse. Überall, wo Gebilde aus verschiedenen Metallen, sei es Legierungen, sei es Kombinationen verschiedener, sich berührender Metalle, sei es endlich Metalle mit mechanisch oder galvanostegisch hergestellten Metallüberzügen, dem Einfluss der atmosphärischen Niederschläge unterworfen sind, ist die Disposition zur Entstehung kurz geschlossener Ketten gegeben. In denselben fungiert das eine Metall als Ableitungs-, das andere als Lösungselektrode. Das letztere ist daher der Zerstörung am meisten preisgegeben, während das erstere in gewissem Grade geschützt ist. Ein verzinkter Eisendraht wird also an den Stellen, wo die Zinkschicht verletzt ist, nicht so stark rosten, wie wenn er des Zinküberzugs gänzlich entbehrte.

Ohne dass näher auf die Einzelheiten eingegangen wird, mögen hier nur noch einige Bemerkungen über das Verhalten des Eisens zum Zinn Platz finden. Ein DANIELLsches, mit einer Thonzelle versehenes Element aus einem Eisenblechcylinder, einem gegossenen Zinnstab und den äquimolekularen, säurefreien Lösungen der Chlorüre beider Metalle giebt am Galvanoskop einen mehrere Stunden konstanten Ausschlag in dem Sinne, dass das Eisen Lösungselektrode (Anode) ist, und wie zu erwarten ist, bedeckt sich der Zinnstab mit einer Schicht schwammigen Zinns. Aber die elektromotorische Kraft des Elementes nimmt sogleich ab, wenn man die Zinnchlorürlösung mit Chlorwasserstoffsäure versetzt. Kommen auf 16 Vol. dieser Lösung 2 Vol. Chlorwasserstoffsäure vom specifischen Gewicht 1,124, so ist die Kette stromlos, und wird noch ein Volumen der Säure zugefügt, so kehrt sich die Polarität der Kette sogar um, indem jetzt das Zinn zur Anode wird.

Dieser Wechsel der Polarität ist ferner zu beobachten, wenn man zwei gleich grosse, mit nassem Quarzsand polierte Stäbe von ausgeglühtem Schmiedeeisen und reinem Zinn (7 mm dick und 90 mm lang) nach Figur 34 in Säuren oder Salzlösungen eintaucht, deren Koncentrationen sich innerhalb gewisser Grenzen bewegen. In $^1/_{1000}$ bis $^1/_{100}$ normaler Schwefelsäure und Chlorwasserstoffsäure (0,049 bis 0,49 g H_2SO_4 bezw. 0,0365 bis 0,365 g HCl pro Liter) verhält sich das Eisen im Moment des Eintauchens der Stäbe kathodisch, wird aber anodisch, nachdem die Kette 10 bis 20 Minuten offen gestanden hat. In den Normalsäuren bleibt das Eisen, selbst wenn die Kette 24 Stunden kurz geschlossen ist, Ableitungselektrode, und nun ist mittels des Quecksilberchlorids Zinn in der Lösung nachweisbar. Am auffälligsten ist jener Polwechsel in einer halbnormalen Ammoniumnitratlösung (40:1000), denn schon innerhalb einer Minute schlägt die Nadel des Galvanoskops nach der entgegengesetzten Seite aus. Das Eisen ist hier nur momentan Kathode und fungiert bald darauf als Anode. Trocknet man die Elektroden sorgfältig ab, so tritt beim Eintauchen derselben die Erscheinung wiederum ein. Das Eisen bleibt aber Kathode, falls jene Salzlösung bedeutend verdünnter oder koncentrierter ist. Ähnliche Resultate ergiebt auch eine Lösung von Natriumchlorid. Dieselbe muss normal bis dreifach normal sein (58,5 bis 175,5 g : 1000), wenn sich die Polarität des Eisens umkehren soll.

Aus diesen Versuchen geht offenbar hervor, dass Eisen und Zinn in der Spannungsreihe einander sehr nahe stehen. Es möge dahingestellt bleiben, durch welche sonstigen Ursachen die Polarität in einer aus beiden Metallen zusammengesetzten einfachen Kette bedingt wird. Jedenfalls haben hierauf die Koncentrationen der Elektrolyte einen wesentlichen Einfluss.

Auf galvanische Vorgänge führt man die bekannte Thatsache zurück, dass verzinntes, der atmosphärischen Luft ausgesetztes Eisen dem Rosten mehr unterliegt als das blosse Eisen. Soll diese Annahme richtig sein, so müssten die atmosphärischen Niederschläge als Elektrolyte auf die Kombination Eisen-Zinn derartig wirken, dass das Eisen zur Lösungselektrode wird. Es müssten sich infolgedessen Eisensalze bilden, die unter Abspaltung der Säuren in Rost übergehen.

Folgende Versuche dürften zur Bestätigung jener Ansicht beitragen. Der Apparat Fig. 34 wird mit 124 cm³ destillierten Wassers gefüllt. Nach dem Eintauchen des Eisen- und des Zinnstabes, die mit dem Galvanoskop verbunden sind, bleibt die Nadel des letzteren in Ruhe. Hierauf werden Sauerstoff und gut gewaschenes Kohlendioxyd eingeleitet. Die Nadel zeigt noch auf Null. Wenn aber nur 1 cm³ zehntel-normaler Natriumchloridlösung (0,00585 g NaCl) und 1 cm³ halb-normaler Ammoniumnitratlösung (0,04 g NH_4NO_3) zugesetzt werden, so schlägt die Nadel aus. Das Eisen erweist sich thatsächlich als Anode, und schon nach einer Stunde, in welcher die Kette mit dem Galvanoskop verbunden bleibt, ist auf dem Eisen eine dünne, gelbe Rostschicht zu bemerken.

Lässt man ferner eine mit normaler Natriumchloridlösung gefüllte Eisen-Zinnkette 13 Stunden kurz geschlossen stehen, so bilden sich flockige Rostmassen mit einem Eisengehalt von 0,003 g. Dagegen ergiebt die Analyse in dem Rost, der sich während derselben Zeit absetzt, wenn sich der Eisenstab allein in der Lösung befindet, nur 0,0018 g Eisen.

———

7. Kapitel.

Haftintensität und Polarisation.

Die Ergebnisse des vorigen Abschnitts sind ferner insoweit von Bedeutung geworden, als sie über den Wert der zur elektrolytischen Zersetzung einer Substanz erforderlichen Minimalspannung Aufschluss geben und die Erscheinungen der Polarisation, über deren Theorie man bisher sehr im unklaren war, dem Verständnis näher bringen. Auf Polarisation führt man bekanntlich die Thatsache zurück, dass der Strom, sowohl derjenige, der in einer Voltaschen Kette erzeugt wird, wie derjenige, der eine elektrolytische Zelle passiert, stets geschwächt wird, falls er in den Elektrolyten oder an den Elektroden Veränderungen hervorbringt.

Fig. 34 stelle eine mit normaler Kupfersulfatlösung gefüllte elektrolytische Zelle dar, in welche als Elektroden die Kupferstäbe A und K eingesenkt sind. An beiden besteht die Potentialdifferenz von $+ 0{,}582$ Volt, da an beiden Elektroden die Kupferionen das Bestreben haben sich abzuscheiden. Man konstruiere sich ferner ebenfalls nach Fig. 34 aus Zink, verdünnter Schwefelsäure (1 : 20) und Eisen ein Element. Seine elektromotorische Kraft ist an sich schon gering. Aber man schwäche den Strom des Elements noch dadurch, dass man etwa 1000 Ohm einschaltet. Nun verbinde man A mit dem Eisenpol, K mit dem Zinkpol und schliesse in den Stromkreis das Galvanoskop ein. Trotz der minimalen an A und K hervorgebrachten Potentialdifferenz passiert der Strom die Zersetzungszelle, und zwar ist der Nadelausschlag für kurze Zeit konstant. An A verstärkt er das an sich schon positive Potential. Es wandern infolgedessen die Kupferionen von A nach K. Die SO_4-ionen veranlassen an A das Kupfer, neue Kupferionen in den Elektrolyten zu schicken, und zwar in dem Masse, als die Kupferionen an K, wo durch den eingeführten Strom das positive Potential verringert wird, ihre Ladungen verlieren. Die Koncentration des Elektrolyten bleibt also konstant, und die Elektroden verändern sich nicht. Der Strom hat nur zur Folge, dass Kupfer von A nach K transportiert wird.[1]) Dass hiezu aber eine sehr geringe Potentialdifferenz ausreicht, liegt daran, dass die zur Ionenbildung an der Elektrode A erforderliche Energie (17500 cal. für 1 g-Atom Kupfer) bei der Entionisierung an der Elektrode K geliefert wird.

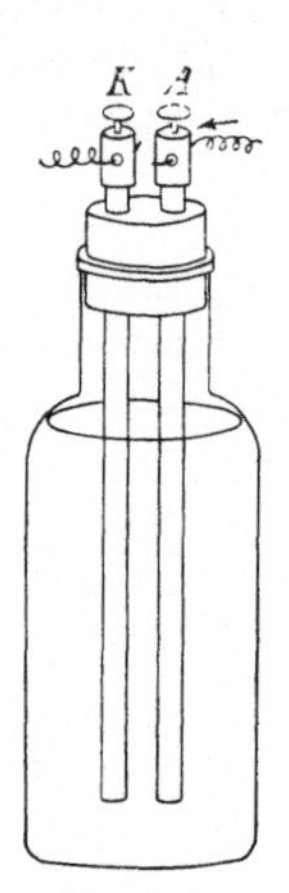

Fig. 34.

Ersetzt man die Kupferstäbe A und K durch Zinkstäbe und die Lösung von Kupfersulfat durch eine solche von Zinksulfat, so ist der Erfolg ganz entsprechend. Nur ist der Nadelausschlag etwas geringer, und wegen der positiven Ionisierungswärme des Zinks (32600 cal. für 1 g-Atom Zink) wird an A die Energie frei, an K verbraucht.

In beiden Fällen zeigt das Galvanoskop nach Ausschluss

---

[1]) Wenn freilich der eingeleitete Strom stärker und von längerer Dauer wäre, so würde an den Elektroden sehr bald eine Verschiedenheit der Koncentrationen eintreten, die einen dem Primärstrom entgegengerichteten Koncentrationsstrom zur Folge hätte.

des elektrolysierenden Stromes keinen Polarisationsstrom an, sondern die Nadel kehrt nach Ausschaltung des Primärstromes auf Null zurück. Die Elektroden erweisen sich als unpolarisierbar, da substantielle Veränderungen in der Zersetzungszelle nicht eintreten. Dieselben Verhältnisse walten auch in den DANIELLschen Ketten ob, und deshalb ist die elektromotorische Kraft derselben, falls sie nicht zu lange in Anspruch genommen werden, konstant.

Wenn aber die Elektroden unlöslich sind, also die Anode dem Elektrolyten keine Ionen zuzuführen vermag, so ist der Befund ein anderer. A und K (Fig. 34) seien Platinelektroden, und der Elektrolyt sei Normalschwefelsäure. Verbindet man mit diesen Elektroden die Pole eines kräftigeren Stromes, etwa einer Akkumulatorzelle, so erfolgt eine dauernde Zersetzung. Der Nadelausschlag bleibt fast konstant. Es wandern die Wasserstoffionen nach K und werden frei. Die SO_4-ionen wenden sich nach A und würden, wenn sie im freien Zustand existenzfähig wären, entionisiert werden. Thatsächlich wird an A Sauerstoff entbunden, und zwar 1 g-Atom Sauerstoff auf je 2 g-Atome an der Kathode entstehenden Wasserstoffs. Der Sauerstoff bildet sich dadurch, dass anstatt eines SO_4-ions zwei OH-ionen des Wassers, welches in gewissem Grade, wenn auch äusserst wenig, dissociiert ist, nach der Gleichung

$$2\,OH' = H_2 O + O$$

neutral werden. Sowie aber OH-ionen verschwinden, dissociiert sich das Wasser von neuem, so dass sich jene Processe wiederholen. Die an den Elektroden auftretenden Gase werden nun vom Platin teilweise adsorbiert. Beim Kurzschluss der Zersetzungszelle muss diese daher wie eine Gaskette funktionieren. Das Galvanoskop muss mithin einen dem Primärstrom entgegengesetzten Polarisationsstrom anzeigen.

Liefert dagegen für die Zersetzungszelle $Pt/H_2SO_4/Pt$ jene schwache Zink-Eisenkette den Primärstrom, so schlägt die Nadel des Galvanoskops im Sinne des letzteren nur schwach aus und kehrt sehr bald auf Null zurück. Dieser kurze Zeit anhaltende Nadelausschlag rührt aller Wahrscheinlichkeit nach daher, dass einige wenige Wasserstoffionen, da die Lösungstension des Wasserstoffs bei weitem geringer ist als der os-

motische Druck der vorhandenen Wasserstoffionen, ihre Ladungen an K abgeben. Der weitere Stromdurchgang wird
aber gehemmt, weil der Primärstrom zu schwach ist, an A
die OH-ionen zu neutralisieren, und infolgedessen die SO_4-
ionen die H-ionen von K her anziehen, so dass eine Entladung
derselben nicht mehr möglich ist. Immerhin unterhält der
Primärstrom an den Elektroden eine gewisse Potentialdifferenz,
indem die Zersetzungszelle nach Art eines Kondensators wirkt.
Wenn die Zelle nun kurz geschlossen wird, so entsteht, während sich die Ladungen der Elektroden ausgleichen, der Polarisationsstrom. Dieser aber veranlasst den entgegengesetzt
gerichteten, kurze Zeit anhaltenden Nadelausschlag.

Man hat nun beobachtet, dass sich der Primärstrom dann
erst dauernd Durchgang durch die verdünnte Schwefelsäure
erzwingt, wenn die Klemmenspannung bei A und K durchschnittlich 1,6 Volt beträgt.[1]) Demgemäss ist anzunehmen,
dass es zur Neutralisation der OH-ionen einer bestimmten
Potentialdifferenz bedarf, und zwar würde dieselbe

$$1,6 + 0,23 = 1,83 \text{ Volt}$$

sein, da zwischen der Normalschwefelsäure und dem mit Wasserstoff beladenen Platin die Potentialdifferenz $+\,0,23$ Volt besteht, und diese sich der Spannung des Primärstromes hinzu-
addiert.

Allgemein ist nach den Versuchen von LE BLANC (*Ztschr.
für physik. Chemie, 8, 299* und *12, 332*) den Ionen eine bestimmte, als Haftintensität bezeichnete Kraft zuzuschreiben,
mit der sie bestrebt sind, im Ionenzustand zu verharren; und
um diese Kraft zu überwinden, um also den Ionen ihre Ladungen zu entreissen, ist eine Potentialdifferenz aufzubieten,
die ein bestimmtes, der Haftintensität entsprechendes Minimum noch etwas übertreffen muss. Ferner stellte LE BLANC
für die Kationen fest, dass die Haftintensität derselben
gleich der Potentialdifferenz ist, welche sich beim

---

[1]) Die Angaben in betreff dieses Wertes weichen sehr voneinander
ab. Jedenfalls sind bei dieser Gaspolarisation noch besondere Faktoren
von Einfluss, wie die Löslichkeit der Gase in Wasser und ihre Adsorption
an den Elektroden, die Grösse, Oberflächenbeschaffenheit und Entfernung
der letzteren, der Luftgehalt des Elektrolyten etc.

Eintauchen des Metalles in den Elektrolyten geltend macht. Wie diese ist sie gemäss der Gleichung für $\mathfrak{p}$ in erster Linie von der Lösungstension des Metalles abhängig, indessen wird sie auch von der Koncentration der Kationen und der Temperatur beeinflusst. Die Ionen der Metalle Mg, Zn, Cd, Fe besitzen folglich eine positive, die der Metalle Pb, H, Cu, Hg, Ag eine negative Haftintensität, d. h. den ersteren werden die Ladungen nur unter Aufwendung elektrischer Energie entzogen, während die letzteren bei der Neutralisation elektrische Energie verfügbar machen.

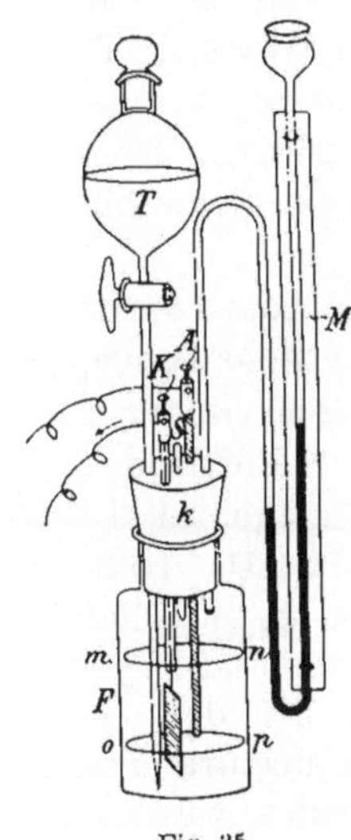

Fig. 35.

Ähnlich verhalten sich die wenigen Anionen, bei denen eine direkte Abscheidung möglich ist (Cl, Br, I).

Folgender Versuch beruht auf der Verschiedenheit der Haftintensität der Kationen des Kaliums und des Wasserstoffs und ist geeignet, dieselbe zu veranschaulichen. Die Flasche F (Fig. 35) ist etwa zur Hälfte mit verdünnter Kaliumsulfatlösung gefüllt. In dem dicht schliessenden Pfropfen k sind die Elektroden A und K, die aus Zink bezw. Platin bestehen, so angebracht, dass die erstere ungefähr 2 cm, die letztere ganz in den Elektrolyten eintaucht. Ferner trägt der Pfropfen k das Manometerrohr M, den Hahntrichter T, dessen spitz ausgezogene Röhre bis zum Boden der Flasche hinabreicht, und das dünne Glasstäbchen s, welches zuletzt in den Pfropfen einzuschieben ist. Wird die Kette unter Einschaltung eines weniger empfindlichen Galvanoskops geschlossen, so schlägt die Nadel im Sinne eines Stromes, der von K ausgeht, schwach aus und kehrt bald auf die Nulllage zurück. Das Zink treibt nämlich einige seiner Atome als Ionen in den Elektrolyten, während an das Platin einige Wasserstoffionen des Wassers ihre positiven Ladungen abgeben. Da aber die Zahl dieser Ionen sehr beschränkt ist, und die Kaliumionen wegen ihrer positiven, sehr bedeutenden Haftintensität den

Zinkionen nicht weichen, so hört der Strom sehr bald auf. Zieht man aber das Glasstäbchen s aus der Durchbohrung und lässt aus dem Hahntrichter verdünnte (mit Indigo zu färbende) Schwefelsäure von einem specifischen Gewicht, welches höher ist als das der Kaliumsulfatlösung, ausfliessen, doch nur so viel, dass ihr Niveau das untere Ende des Zinkstabes noch nicht er- erreicht, so wird der Nadelausschlag weit kräftiger. Gleich- zeitig erheben sich, und zwar vom Platin aus, Wasserstoff- bläschen, die nach Einschiebung des Stöpsels s ein schnelles Steigen der Manometerflüssigkeit bewirken. Jetzt stehen den Kaliumionen genug SO_4-ionen zur Verfügung, und in dem Masse, als Zinkionen in Lösung gehen, treten die Wasserstoff- ionen der Schwefelsäure, deren Haftintensität gering ist, aus. Unter den vorliegenden Umständen löst sich das Zink beim Schluss der Kette dauernd auf, obwohl es von der Schwefel- säure gar nicht berührt wird.

Da ferner nach der Dissociationstheorie die Ionen eines Elektrolyten in dem letzteren eine selbständige Existenz haben, so muss, falls sekundäre Reaktionen ausgeschlossen sind, zur Zersetzung des Elektrolyten den (indifferenten) Elektroden eine Potentialdifferenz π erteilt werden, welche die algebraische Summe der Haftintensitäten eben noch übertrifft. Die Haft- intensitäten aber sind gleich den Grössen $\mathfrak{p}_1$ und $\mathfrak{p}_2$, nämlich denjenigen Potentialdifferenzen, welche der positive und nega- tive Bestandteil der zu zersetzenden Substanz bei der ob- waltenden Temperatur und den jeweiligen Koncentrations- verhältnissen an den Elektroden selbst hervorrufen würden, wenn sie die Ionenform annehmen. Hat π jenen Wert, den man als Zersetzungsspannung bezeichnet hat, erreicht, so giebt das Galvanoskop einen dauernden Ausschlag. Die Ionen scheiden sich nunmehr an den Elektroden in solchen Mengen ab, welche der Menge i des die Zelle passierenden Stromes proportional sind, und zwar ist, wenn r den Widerstand des gesamten Stromkreises bedeutet,

$$i = \frac{\pi - (\mathfrak{p}_1 + \mathfrak{p}_2)}{r}.$$

Zu diesen Sätzen gelangte LE BLANC auf Grund seiner Untersuchungen. Mag auch die Voraussetzung, dass allen

Ionen einer Art die nämliche Haftintensität zukomme, nicht völlig einwandfrei sein, so hat doch jene Theorie den Vorzug gegenüber andern, die Vorgänge der Elektrolyse und der Polarisation verständlich zu machen. Durch den Versuch lässt sich dieselbe veranschaulichen, indem man der Reihe nach die Normallösungen einiger Verbindungen mit gemeinsamem Anion, wie $ZnSO_4$, $CdSO_4$, H_2SO_4 und $CuSO_4$ zwischen Platinelektroden (Fig. 10) in derselben Zersetzungszelle mittels der nämlichen Stromquelle unter Einschaltung eines Galvanoskops und eventuell noch eines gewissen Widerstandes der Elektrolyse unterwirft. Die Ausschläge der Nadel müssen dann je nach dem Elektrolyten vom Zinksulfat an wachsen. Die Zersetzungsspannung der Sulfatlösungen des Zinks und Kadmiums muss grösser, die der Kupfersulfatlösung kleiner als die Zersetzungsspannung 1,6 Volt der Schwefelsäure sein. An der Anode werden in allen vier Fällen OH-ionen entladen, die nach den früheren eine Potentialdifferenz $\mathfrak{p}_2 = + 1,83$ Volt erfordern. Die theoretischen Zersetzungsspannungen jener drei Sulfate sind in der Kolumne 3 der Tabelle XV verzeichnet.

Tab. XV.

1	2	3	4	5
Sulfat	die $\mathfrak{p}_1$-Werte der Kationen	Zersetzungsspannung $\mathfrak{p}_1 + \mathfrak{p}_2$	Bildungswärme Q cal.	Zersetzungsspannung $\pi = \dfrac{Q}{2 \cdot 23090}$ Volt
$ZnSO_4$	+ 0,521 Volt	2,35 Volt	$(Zn, O, SO_3 \text{ aq}) = 106900$	2,30 Volt
$CdSO_4$	+ 0,158 „	1,98 „	$(Cd, O, SO_3 \text{ aq}) = 89400$	1,94 „
$CuSO_4$	− 0,582 „	1,24 „	$(Cu, O, SO_3 \text{ aq}) = 55960$	1,21 „

In der Kolumne 4 stehen die Bildungswärmen Q der Sulfate, in 5 die hieraus berechneten Zersetzungsspannungen. Erwägt man, dass bei letzteren die Temperaturkoefficienten ausser acht gelassen sind, so dürfte die bis auf einige Hundertstel Volt genaue Übereinstimmung der Werte der Kolumnen 3 und 5 für die Richtigkeit der LE BLANCschen Theorie sprechen.

In betreff der Salze solcher Metalle, deren Kationen schwieriger entionisiert werden als die Wasserstoffionen, sei noch bemerkt, dass bei grösseren Verdünnungen der Elektrolyten die Elektrolyse schon bei Potentialdifferenzen unterhalb der theoretischen Zersetzungsspannung jener Salze eintritt. In diesem Fall werden nämlich an der Kathode nicht die Metalle, sondern die Wasserstoffionen des Wassers frei. Sind jedoch die Elektroden klein genug, ist also der Strom von höherer Dichtigkeit, und ist die Spannung gleich der Zersetzungsspannung, so scheiden sich aus den verdünnten Lösungen auch jene Metalle ab, denn unter diesen Umständen tritt bald ein Mangel an Wasserstoffionen in der Umgebung der Kathode ein. Es gelingt sogar, aus den wässrigen Lösungen der Chloride der alkalischen Erdmetalle letztere unter Anwendung höherer Stromdichten darzustellen.

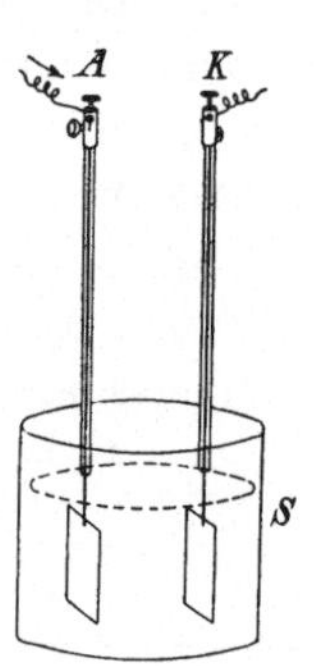

Fig. 36.

Nach dem Vorigen leuchtet ein, dass sich aus einem Gemisch verschiedener Elektrolyte mit gemeinsamem Anion die Kationen in umgekehrter Reihenfolge ihrer Haftintensitäten an der Kathode ausscheiden lassen, wenn die Klemmenspannung an den Elektroden der elektrolytischen Zelle nach und nach verstärkt wird. Dies lässt sich leicht durch folgenden Versuch darthun. In den Becher S (Fig. 36) bringe man eine Lösung, welche auf 1000 g Wasser 1,24 g Kupfervitriol, 110 g Eisenvitriol und 40 g Schwefelsäure enthält, senke die Platinelektroden A und K (5×4 cm) in einem Abstand von 6 cm ein und lege die Pole eines Stromes von vier Akkumulatoren, welchen noch ein Widerstand von 40 Ohm vorgelegt ist, an. In wenigen Augenblicken zeigt sich K mit einer glänzenden Kupferschicht bedeckt. Nähert man aber die Elektroden einander und schaltet jenen Widerstand aus, so überzieht sich die Kathode bald mit einer sammetschwarzen Metallschicht, weil gleichzeitig mit dem Kupfer noch Eisen gefällt wird. Letzteres weist man nach durch die Bildung von Berliner Blau, indem man die Kathode nach dem Abspülen in warme Chlorwasserstoffsäure taucht und dieser hierauf etwas Salpetersäure und Ferrocyankalium zufügt.

Besser noch wird die Wirkung, welche eine Steigerung der Klemmenspannung auf ein Gemisch von Elektrolyten zur Folge hat, durch folgenden Versuch demonstriert. In dem Tubus des Gefässes G (Fig. 37) ist als Anode A eine kleine Platinscheibe (1,5 cm breit) befestigt. Als Kathode wird auf den Rand $a\,b$ eine etwa 8 cm weite Platinschale S gesetzt, von welcher der Strom mittels der Klemme K abgeleitet wird. Der Elektrolyt besteht aus 1000 g Wasser, 15,5 g Kupfersulfat, 72 g Zinksulfat und 50 g Schwefelsäure. Geht der Strom von vier Akkumulatoren, denen noch ein Widerstand von 50 bis 60 Ohm angeschlossen ist, durch die Zelle, so bildet sich auf der Schale, soweit sie eintaucht, nach einigen Minuten eine rote, glänzende Kupferschicht. Nach Ausschaltung des Widerstandes erscheint gegenüber der Anode ein 3 bis 4 cm breiter mattgrauer

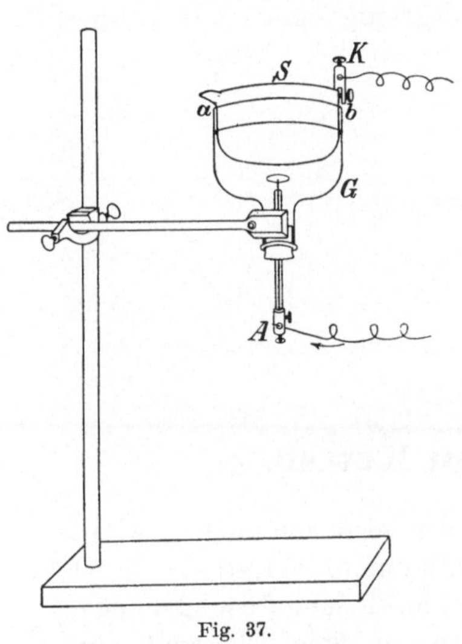

Fig. 37.

Fleck. Wird nun letzterer mit einem Achatpistill unter gelindem Druck bestrichen, so nimmt er ebenfalls metallischen Glanz an, und zwar zeigt sich in der Mitte ein 1 cm breiter, weisser Zinkfleck, der von einem gelben Messingring umgeben ist. Der Anode unmittelbar gegenüber hat sich also fast nur noch Zink ausgeschieden, weil in der nächsten Umgebung derselben der Strom stärker ist, und die geringen Kupfermengen bereits niedergeschlagen waren. Je weiter aber die einzelnen Partien der Schale von der Anode entfernt liegen, um so geringer ist die Spannung, um so mehr Kupferionen sind aber auch noch in der Lösung vorhanden, und um so mehr Kupfer scheidet sich mithin aus. So kommt es, dass der äussere Metallring während der kurzen Dauer des Versuchs kupferrot bleibt, wohingegen der benachbarte innere Ring aus Kupfer und Zink besteht, die beide durch Druck Messing ergeben.

Aus diesen Versuchen folgt von selbst die Forderung, dass in der Elektrometallurgie eine gewisse Koncentration und Klemmenspannung der Bäder, in welchen Kupfer aus Schwarzkupfer raffiniert oder aus den Erzlaugen direkt gewonnen wird (z. B. nach dem SIEMENSschen Verfahren), für die Erzeugung eines reinen Kupfers sorgfältig innezuhalten sind.

---

8. Kapitel.

Die irreversiblen Ketten.

Wenn man Zink nebst einer schwer löslichen oder ganz indifferenten Elektrode in eine Säure stellt und diese Kette schliesst, so zwingt das Zink auf Grund seiner hohen Lösungstension die Wasserstoffionen, ihre Ladungen an jene Elektrode abzugeben. Es wird also von letzterer die Elektricität in den Schliessungsbogen abgeleitet. Der der Kette zu entnehmende Strom ist beim Beginn des Processes am stärksten, nimmt aber allmählich ab. Denn einerseits wird die Zahl der Wasserstoffionen des Elektrolyten nach und nach verringert und die der Zinkionen erhöht, andererseits wächst der innere Widerstand der Kette, weil die Wasserstoffbläschen an der Ableitungselektrode adhärieren, und drittens polarisiert sich die letztere, da sich zwischen dem ihr anhaftenden Wasserstoff und den Anionen des Elektrolyten eine Anziehung geltend macht, welche eine dem Strom entgegengesetzt gerichtete elektromotorische Kraft zur Folge hat.

Zur näheren Erläuterüng diene der Apparat Fig. 38. Auf dem Boden des Gefässes G (6×18 cm) befindet sich ein cylindrischer, aus reinem Zink gegossener Kolben Z, in welchen mittels eines Gewindes der Zinkstab A eingedreht ist. C ist eine siebartig durchlöcherte, nach oben gewölbte Kupferplatte. An diese sind nach unten die Kupferstäbchen s_1, s_2, s_3 und s_4 und nach oben der Kupferstab K angenietet. Das Gefäss G ist, nachdem es mit verdünnter Schwefelsäure ($1:15$) gefüllt ist, mit dem Pfropfen P dicht zu verschliessen. Durch die Durchbohrungen desselben sind die Stäbe A und K sowie die Gasentbindungsröhre R geschoben. Verbindet man nun A und K durch einen Schliessungsbogen, in welchen ein weniger empfindliches Galvanoskop eingeschaltet ist, so erweist sich dem Nadelausschlag gemäss K als positiver Pol, und während der Elektrolyt zwischen Z und C vollkommen klar bleibt, erscheint er oberhalb C infolge der nur von C aufsteigenden Wasserstoffbläschen deutlich getrübt. Die allmähliche Schwächung des Stromes

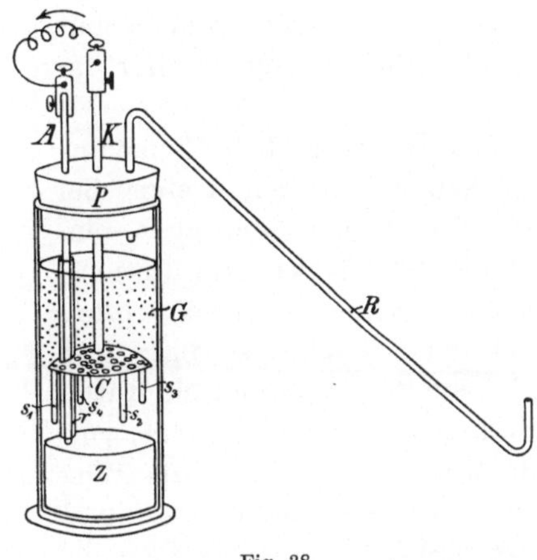

Fig. 38.

erkennt man sowohl daran, dass die Nadel, wenn auch langsam zurückgeht, als auch daran, dass die in je 5 Minuten aus R entweichenden Gasmengen, die man in einem graduierten Cylinder auffängt, abnehmen.

Je nachdem man ferner die Elektrode C hebt oder senkt, wobei ein Kontakt mit A durch die über A geschobene Glasröhre r vermieden wird, kann man den inneren Widerstand der Kette bedeutend vermehren oder vermindern, und dementsprechend variieren die Nadelausschläge und die aufgefangenen Gasvolumina (5 bis 15 cm³ in je 5 Minuten). Man ist so imstande, auch die durch das Ohmsche Gesetz bestimmte Abhängigkeit der Stromstärke von dem Widerstand zu zeigen, sowie die auch innerhalb einer Stromquelle bestehende Gültigkeit des FARADAYschen Gesetzes, wenngleich nur annähernd, zu demonstrieren. Drückt man endlich den Stab K so weit herab, dass die Stäbchen s den Zinkkolben berühren, so sind die Wasserstoffmengen am grössten, und die Nadel kehrt infolge des Kurzschlusses auf Null zurück. Diese Phase des Versuchs erläutert gleichzeitig das bei der technischen Verwendung galvanischer Elemente wohl in Betracht kommende Verhalten des reinen und unreinen Zinks gegen Säuren, denn es wird bewiesen, dass das Zink, welches im reinen Zustand bei gewöhnlicher Temperatur in verdünnter Schwefelsäure, abgesehen von dem ersten Moment des Eintauchens, unlöslich ist, sich darin fortdauernd lösen muss, wenn es mit Spuren eines anderen Metalles in Berührung kommt oder damit gemengt ist.

In den nach dem Typus des DANIELLschen Elementes $Zn/Zn\,SO_4/Cu\,SO_4/Cu$ zusammengesetzten Ketten treten bei mässiger Stromentnahme keine weiteren Veränderungen ein, als dass sich durch die Ionisierung des Zinks und Entionisierung der Kupferionen die Koncentrationen der Elektrolyten etwas ändern. Derartige Ketten sind unpolarisierbar, und ihre elektromotorische Kraft ist konstant. Da ferner ein durch dieselben in umgekehrter Richtung geschickter, dem entnommenen gleicher Strom nichts weiter bewirkt als die Wiederherstellung der ursprünglichen Koncentrationen, so sind die DANIELLschen Ketten auch reversibel.

Anders verhält es sich mit den Ketten nach der Art der oben beschriebenen Kette $Zn/H_2\,SO_4/Cu$. Hier wird infolge der Wasserstoffentwickelung nicht allein der Elektrolyt, sondern auch die Ableitungselektrode wesentlich verändert. Die Ketten sind inkonstant und irreversibel. Die NERNSTschen Gleichungen lassen sich zur Ermittelung der elektromotorischen Kraft nicht mehr benutzen. Immerhin finden doch die allgemeinen Principien der Drucktheorie auch auf diese Ketten Anwendung, wenn es gilt, die Entstehung des galvanischen Stromes zu erklären.

Die inkonstanten Ketten lassen sich aber konstant machen, und zwar dadurch, dass man die Wasserstoffabscheidung an der Ableitungselektrode verhindert. Man erreicht dies, indem man den Wasserstoff durch Oxydationsmittel, wie Chromsäure, Salpetersäure, Superoxyde etc. zu Wasser oxydiert. Durch derartige sekundäre Reaktionen wird nun nicht allein die Polarisation überwunden, sondern die elektromotorische Kraft jener Ketten wird noch erheblich erhöht. Denn die infolge jener Oxydation freiwerdende chemische Energie geht grösstenteils in elektrische über, und zwar ist der Effekt um so stärker, je lebhafter jene Reaktionen erfolgen.

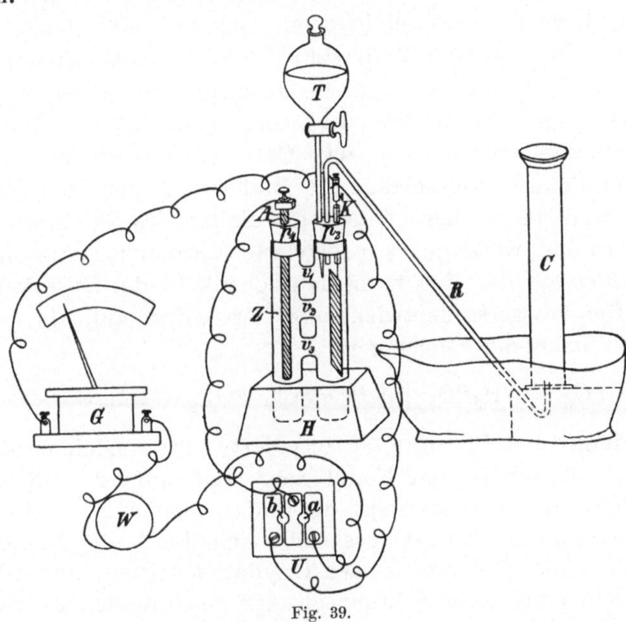

Fig. 39.

Durch die Versuchsanordnung, Fig. 39, werden diese Erscheinungen im einzelnen demonstriert. In dem Holzklotz H ist die Zelle Z befestigt, deren beide, 2 cm weite Schenkel durch die Querstücke v_1, v_2 und v_3 kommunicieren. Der eine Schenkel ist mit dem Pfropfen p_1, durch welchen der Stab A aus reinem, amalgamiertem Zink gesteckt ist, verschlossen. Der Pfropfen p_2 des anderen Schenkels trägt die Platinelektrode K, den Hahntrichter T und das Gasentbindungsrohr R. Nachdem die Zelle Z mittels des Trichters T ganz mit verdünnter Schwefelsäure (1 : 8) gefüllt ist, stellt man über die äussere Öffnung des Rohres R den mit Wasser gefüllten, engen Cylinder C und bringt in der durch die Figur angegebenen Weise die Leitungsdrähte an. Dem Galvanoskop G ist unter Umständen noch eine Widerstandsrolle W von etwa 500 Ohm anzuschliessen. Der Umschalter U ermöglicht die Ein- und Ausschaltung des Galvanoskops, je nachdem man den Stöpsel in das Loch a oder b steckt. Stöpselt man nun das Loch a, so schlägt die Nadel etwa um 7^0 aus, geht aber bald etwas zurück. Feine Wasserstoffbläschen entwickeln sich an K. Setzt man jetzt den Stöpsel in b ein, schaltet also den 300 bis 400 Ohm betragenden Widerstand des Galvanoskops nebst dem Widerstand W aus, so sind die Gasmengen so gross, dass im Cylinder C pro Minute circa 15 Bläschen aufsteigen. Nach einigen Minuten schalte man das Galvanoskop wieder ein. Infolge der Polarisation schlägt die Nadel jetzt nur noch um 5^0 aus. Man lasse hierauf aus der Spitze des Trichters T ungefähr 15 cm³ wässrige, koncentrierte Chromtrioxydlösung $(1:1)$ ausfliessen, die sich in beiden Schenkeln der Zelle verbreitet. Die Wasserstoffentwickelung hört sofort auf, da der Wasserstoff nach der Gleichung

$$2\,\mathrm{CrO_3} + 3\,\mathrm{H_2SO_4} + 3\,\mathrm{H_2} = \mathrm{Cr_2(SO_4)_3} + 6\,\mathrm{H_2O}$$

unter Bildung von Chromsulfat oxydiert wird. Gleichzeitig wächst der Ausschlag der Nadel sehr bald auf 12^0. Nach $1\tfrac{1}{2}$ stündigem Kurzschluss zeigt die Nadel noch auf 12. Erst nach zweistündigem Kurzschluss stellt sich die Nadel infolge des allmählichen Verbrauchs des Oxydationsmittels auf 10^0 ein, und nun sind in dem braunschwarz gewordenen Elektrolyten reichliche Mengen von Chromsulfat vorhanden, denn nach Zusatz von Ammoniak fällt die Chrombase aus.

Wie die Chromsäure wirkt auch die Salpetersäure. Sie wird auf die niedrigeren Oxydationsstufen des Stickstoffs reduciert und geht schliesslich, wenn ihre Koncentration zu gering geworden ist, und das Element sich zu polarisieren beginnt, in salpetersaures Ammonium über.

Da diese beiden Oxydationsmittel in den BUNSENschen Ketten als Depolarisatoren dienen, so ist jener Versuch geeignet, die Wirkungsweise dieser Ketten und die in ihnen stattfindenden Processe zu erläutern.

Inwiefern die Salpetersäure und die mit Schwefelsäure versetzte Chromtrioxydlösung nascenten Wasserstoff zu oxydieren vermögen, kann noch besonders dargethan werden, indem man jene Säuren im U-Rohr (Fig. 10) der Elektrolyse unterwirft. Während sich im Anodenschenkel Sauerstoff nachweisen lässt, bleibt die Kathode vollkommen gasfrei, und die dieselbe umgebenden Säuren lassen die oben angedeuteten Veränderungen erkennen.

Der Apparat Fig. 40 gestattet, mehrere Oxydationsmittel nacheinander behufs der Depolarisation an die Kathode zu bringen. In dem unteren Tubus des in einem Ring befestigten Gefässes G befindet sich der Pfropfen P, durch welchen der Leitungsdraht A der 6 cm breiten, horizontalen Kupferscheibe C gesteckt ist. Auf C wird das 3,5 cm weite und 1 cm hohe Glasschälchen S gesetzt. Auf dem Boden derselben ruht die Platinscheibe D, deren Leitungsdraht K mittels einer Klemme vertikal gehalten wird. Wird nun das Gefäss G mit verdünnter Schwefelsäure (1 : 20) so weit gefüllt, dass das Niveau $^1/_2$ cm über dem Rande des Schälchens S steht, so zeigt

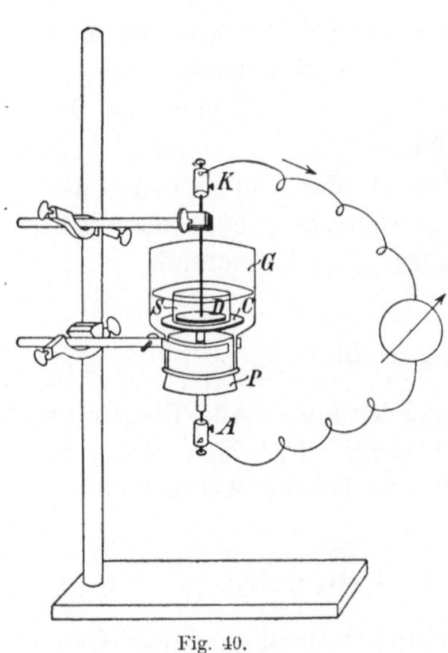

Fig. 40.

die Nadel des in den Stromkreis eingeschalteten Galvanoskops anfangs einen Ausschlag von etwa 8°. Derselbe geht in kaum 2 Minuten fast auf Null zurück. Dagegen schlägt die Nadel, sobald man kleine Mengen folgender Oxydationsmittel der Reihe nach mit der Platinplatte D in Berührung bringt, kräftig aus und nimmt sehr bald nach dem Verbrauch bezw. nach der Entfernung dieser Substanzen die Nulllage wieder ein:

1) einen 1 cm³ grossen, aus einem Gemisch von Kohle

und Braunstein bestehenden Würfel,[1]) der nach der jodometrischen Analyse $6,6\,^0/_0$ disponiblen Sauerstoff bezw. $35,7\,^0/_0$ MnO_2 enthält,

2) einen ebenso grossen, aus der Superoxydplatte eines Böseschen Akkumulators geschnittenen Würfel mit einem Gehalt von $3,3\,^0/_0$ disponiblen Sauerstoff bezw. $52\,^0/_0$ PbO_2,

3) verdünnte, mittels einer Pipette einzubringende Goldchloridlösung, deren Gold sich in wenigen Augenblicken als glänzender Überzug auf der Platte D niederschlägt,

4. Krystalle von Quecksilberchlorid, Silbernitrat und Kaliumpermanganat, die mittels Siegellack an einen Glasstab zu befestigen und nur einen Moment an die Platte D anzudrücken sind.

Feste Oxydationsmittel in Form der Superoxyde des Mangans und Bleis wirken bekanntlich in dem Leclanché-Element bezw. in den Akkumulatoren depolarisierend.

In dem Leclanché-Element

$$Zn/NH_4Cl/MnO_2 \;(Kohle)$$

ist wiederum das Zink Lösungselektrode. Als Elektrolyt dient eine koncentrierte Salmiaklösung. Das Zink löst sich in der letzteren unter Wasserstoffentwickelung wahrscheinlich nach der Gleichung

$$Zn + 2\,NH_4Cl = ZnCl_2 \cdot 2\,NH_3 + H_2.$$

Dieser Vorgang lässt sich darthun, indem man in einem Gasentbindungskolben ein Gemisch von Salmiak und Zinkstaub, dem man eine kleine Menge Eisenpulver zufügt, mit wenig Wasser übergiesst und das bei gewöhnlicher Temperatur sich bildende Gas mittels der pneumatischen Wanne auffängt. Jener Wasserstoff wird in dem Leclanché-Element durch den Braunsteingehalt des Kohlecylinders oxydiert:

$$H_2 + 2\,MnO_2 = H_2O + Mn_2O_3.$$

---

[1]) Dieses Material ist in Prismenform von Keiser & Schmidt, Berlin, Johannisstr. 20, zu beziehen.

Um die depolarisierende Wirkung des Mangansuperoxyds durch einen besonderen Versuch zu zeigen, befestige man in den Schenkeln eines HOFMANNschen U-Rohres (Fig. 41) ein Platinblech A und ein Kohle-Braunsteinprisma K, dessen Zusammensetzung mit derjenigen obigen Würfels übereinstimmt. Der Apparat ist mit verdünnter Schwefelsäure (1:12) zu füllen. Beim Einleiten des Stromes wird an A Sauerstoff entbunden, während von K aus, falls der Strom durch Widerstände genügend geschwächt ist, kein Wasserstoff aufsteigt. Wie in der LECLANCHÉ-Kette werden hier die Wasserstoffionen nach der Entladung von dem Mangansuperoxyd oxydiert. Ist der Strom stärker, so sammelt sich in dem Kathodenschenkel etwas Wasserstoff an. Sein Volumen bleibt aber immer geringer als das doppelte Volumen des Sauerstoffs im Anodenschenkel.

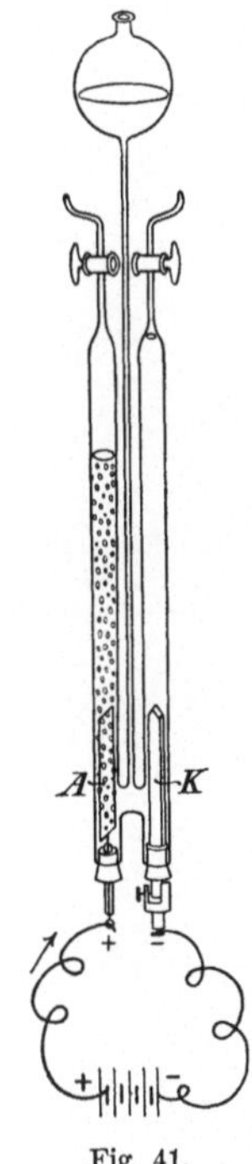

Fig. 41.

Das Depolarisationsvermögen einer Kohle-Braunsteinmasse ist offenbar um so grösser, je stärker der Strom sein darf, der eben noch Wasserstoffblasen entbindet, d. h. die Kathode eben polarisiert. Um die Leistungsfähigkeit von Kohle-Braunsteinstäben mit verschiedenem Mangansuperoxydgehalt zu prüfen, wurden in den Stromkreis des Apparates Fig. 41 noch ein Wasservoltameter von der Gestalt des HOFMANNschen, mit zwei Platinelektroden versehenen U-Rohres, ein Galvanometer und ein Regulierwiderstand eingeschaltet. Mittels der beiden letzteren war es möglich, die Stromstärke längere Zeit konstant zu erhalten. Die Tabelle XVI giebt eine Übersicht über die Resultate der Messungen und macht überhaupt das Wesen eines LECLANCHÉ-Elementes verständlich. Die Gasvolumina sind sämtlich auf Normalvolumina reduciert.

Die Zahlen der Kolumnen 2, 5, 8 und 11 zeigen, dass das Depolarisationsvermögen einer Kohle-Braunsteinkathode mit dem Superoxydgehalt, wenn auch nicht direkt proportional, steigt und bei längerem Gebrauch der Kette nach

Tab. XVI.

1	2	3	4	5	6	7	8	9	10	11
Gehalt an MnO_2	Anfangs erfolgte die Wasserstoffentbindung eben bei	Bei nahezu konstanter Stromstärke von 0,072 Amp. wurden entwickelt in						In den nächsten 75 Minuten wurden bis zur beginnenden Polarisation entwickelt		
		den ersten 25 Minuten			den folgenden 25 Minuten					
		im Voltameter	im Versuchsapparat	also durch MnO_2 wurden gebunden	im Voltameter	im Versuchsapparat	also durch MnO_2 wurden gebunden	im Voltameter	im Versuchsapparat	bei
$0,03\%$	0,056 Amp.	12,66 cm³H 6,33 cm³O	4,59 cm³H 5,96 cm³O	63,74 %H	12,84 cm³H 6,42 cm³O	4,60 cm³H 6,19 cm³H	61,06 %H	9,40 cm³H 4,70 cm³O	0,50 cm³H 4,30 cm³O	0,018 Amp.
$2,60\%$	0,090 Amp.	13,04 cm³H 6,52 cm³O	2,92 cm³H 6,39 cm³O	77,66 %H	13,98 cm³H 6,99 cm³O	4,47 cm³H 6,35 cm³O	68,03 %H	12,86 cm³H 6,45 cm³O	0,69 cm³H 5,52 cm³O	0,024 Amp.
$13,00\%$	0,120 Amp.	12,60 cm³H 6,30 cm³O	0,00 cm³H 5,30 cm³O	100,00 %H	12,90 cm³H 6,45 cm³O	0,00 cm³H 6,36 cm³O	100,00 %H	18,38 cm³H 9,19 cm³O	0,92 cm³H 8,96 cm³O	0,035 Amp.

und nach abnimmt. Ferner wird die Thatsache demonstriert, dass das LECLANCHÉ-Element nur für kürzere Dauer einen konstanten Strom liefert, sich aber bei längerer Inanspruchnahme um so leichter polarisiert, je weniger Superoxyd es enthält. Da in den Kohle-Braunsteincylindern der in der Reichstelegraphie gebräuchlichen Elemente durchschnittlich nur 1,5 $^0/_0$ MnO_2 vorhanden ist, so darf der einer solchen Zelle zu entnehmende Strom höchstens 0,07 Amp. betragen. Hat man einen stärkeren Strom nötig, so sind mehrere Zellen in Parallelschaltung zu verwenden. Die zuweilen geäusserte Meinung, der Braunsteingehalt der Kohlekathode sei überhaupt überflüssig, ist deshalb unrichtig, da dem Versuch gemäss reine Kohle gar nicht depolarisiert.

Nach den Kolumnen 4, 7 und 10 der Tabelle XVI bleibt das Sauerstoffvolumen hinter demjenigen des Voltameters etwas zurück. Dies erklärt sich dadurch, dass das an der Kathode entstehende Mangansulfat in den Anodenschenkel diffundiert und hier wahrscheinlich zu $Mn(SO_4)_3$ oxydiert wird, denn thatsächlich nimmt der Elektrolyt an der Anode sehr bald eine rosarote Färbung an.

9. Kapitel.

Die Akkumulatoren.

Weit kräftiger depolarisierend als Kohle-Braunstein wirkt das Bleisuperoxyd, dessen Masse den Strom metallisch leitet. In den Stromkreis einer Batterie von 20 Akkumulatoren schalte man ein Wasservoltameter und zwei nach Fig. 41 konstruierte Apparate ein. Die Kathode des einen derselben ist ein Kohle-Braunsteinprisma mit 35,7 $^0/_0$ MnO_2 bezw. 6,6 $^0/_0$ verfügbarem O, die des anderen ist ein ebenso grosses, aus der Bleisuperoxydplatte eines BÖSEschen Akkumulators geschnittenes Prisma mit 51,8 $^0/_0$ PbO_2 bezw. 3,3 $^0/_0$ verfügbarem O. Nach 12 Minuten sind an der Platinkathode des Voltameters 62 cm³ Wasserstoff und an der Kohle-Braunstein-kathode 41 cm³ Wasserstoff aufgestiegen. Dagegen zeigt sich der Schenkel der Bleisuperoxydkathode vollkommen gasfrei. Der Grund hierfür liegt einerseits in der Struktur beider Oxydationsmittel, insofern die Masse des Bleisuperoxyds viel lockerer ist als die des Kohle-Braunsteins und daher den Wasserstoffionen viel mehr Angriffs-punkte bietet als diese, andererseits in der ver-schiedenen Reaktionsfähigkeit, denn das Blei-superoxyd giebt, wie schon das blosse Erhitzen im Reagensglas zeigt, den Sauerstoff leichter ab als der Braunstein. Während sich jenes Kohle-Braunsteinprisma schon bei einem Strom von 0,063 Amp. polarisiert, vermag das Blei-superoxyd sogar einen Strom von 4 Amp. aus-zuhalten, ohne dass Wasserstoff frei wird. Dies ist im allgemeinen auch die maximale Strom-menge, welche man einer Akkumulatorzelle, die nur eine Superoxydplatte enthält, auf längere Zeit entnehmen kann. Die hohe depolarisierende Wirkung des Bleisuperoxyds macht es ferner erklärlich, dass die Akkumulatoren den Bun-senschen Ketten an Beständigkeit weit über-legen sind.

Obiger Versuch erläutert die Vorgänge, wie sie an der Superoxydplatte eines Akkumulators während der Entladung stattfinden, denn der Wasserstoff wird in Ionenform an jene Platte geführt. Sie lassen sich kurz durch die Gleichung

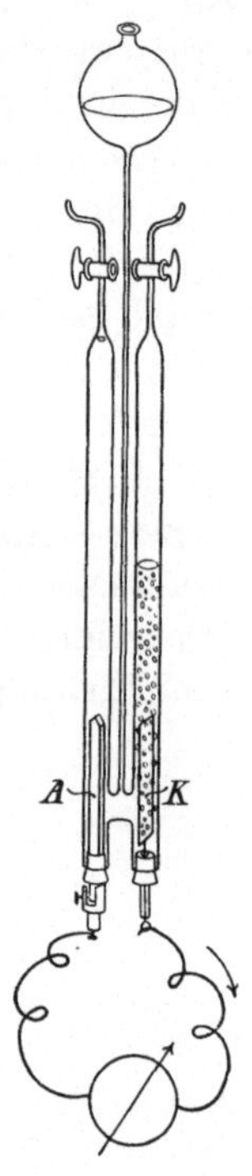

Fig. 42.

$$PbO_2 + H_2 = PbO + H_2O$$

darthun, und auf das Bleioxyd wirkt die Schwefelsäure dann nach der Geichung

$$PbO + H_2SO_4 = PbSO_4 + H_2O$$

ein.

Das Hofmannsche U-Rohr eignet sich aber auch zur Demonstration der Vorgänge an der Bleiplatte. In der Fig. 42 bedeutet A ein aus der Bleiplatte eines Böseschen Akkumulators gesägtes Prisma,[1]) und K eine Platinelektrode. Als Elektrolyt dient verdünnte Schwefelsäure (1 : 5). Vor dem Versuch wird das Bleiprisma gehörig reduciert, indem man in den Apparat den Strom von zwei Akkumulatoren etwa eine Stunde lang bei offnen Hähnen einleitet (an A ist der negative Pol anzulegen). Werden hierauf die Akkumulatoren entfernt, die Hähne geschlossen, und A und K mit einem Galvanoskop verbunden, so geht ein Strom von K aus durch den Schliessungsbogen nach A. Nach der Gleichung

$$Pb + H_2SO_4 = PbSO_4 + H_2$$

entsteht Wasserstoff, der an der Platinkathode aufsteigt und sich durch die weissliche Trübung der Flüssigkeit weithin zu erkennen giebt. In 60 Minuten haben sich bei Ausschaltung des Galvanoskops im Kathodenschenkel etwa 20 cm³ Wasserstoff angesammelt. Bleibt die Kette vor dem Kurzschluss einige Zeit offen stehen, so erheben sich langsam Wasserstoffbläschen von A aus. Dies beweist, dass das poröse schwammige Blei Wasserstoff zu okkludieren vermag, und diesem Umstand dürfte es zuzuschreiben sein, dass sich die elektromotorische Kraft eines Akkumulators kurz nach der Ladung auf 2,4 Volt beläuft, während sie bald darauf etwas unter 2 Volt herabsinkt.

Die Akkumulatoren sind aber nicht bloss konstante, sondern auch reversible Ketten, denn die Konstruktion derselben gestattet es, durch Einführung eines umgekehrt gerichteten Stromes jene Processe an beiden Elektroden rückgängig zu machen. Beim Laden wird an der Bleielektrode die Sulfatschicht zu Blei reduciert und an der andern Elektrode zu Superoxyd oxydiert.

Folgender Versuch veranschaulicht das Laden eines Akkumulators sowie insbesondere auch die Formierung desselben nach dem alten PLANTÉschen Verfahren, von welchem die

---

[1]) Steht ein solches Bleiprisma, welches ohnehin sehr zerbrechlich ist, nicht zur Verfügung, so möge man sich einen cylindrischen Bleistab giessen, dessen Oberfläche man durch Eindrücken von Längsrinnen vergrössert. Vor dem Versuch ist seine äussere Schicht durch wiederholtes Oxydieren und Reducieren im HOFMANNschen U-Rohr nach dem PLANTÉschen Princip des Formierens in schwammige Bleimasse überzuführen.

neueren Verfahren im Princip nicht wesentlich abweichen. Fig. 43 stellt einen Glastrog dar, der mit verdünnter Schwefelsäure (1 : 5) gefüllt ist. In den Rinnen der schmalen Seitenwände desselben sind die mittels einer Stahldrahtbürste möglichst sorgfältig gereinigten Bleiplatten P_1, P_2 und P_3 so angebracht, dass sie leicht herausgehoben werden können. In diesem Zustand ist die Zelle natürlicherweise stromlos. Die Platten P_2 und P_3 sind untereinander verbunden. An sie wird mittels der Klemmschraube k der negative Pol einer mindestens aus zwei Akkumulatorenzellen bestehenden Ladungsbatterie angelegt. Der positive Pol derselben wird an die Klemmschraube a der Platte P_1 befestigt. Nach etwa 20 Minuten langem Stromdurchgang zeigt sich die Platte P_1 beiderseits von einer tiefbraunen Superoxydschicht bedeckt, während die Platten P_2 und P_3 infolge der Reduktion des auf ihnen noch befindlichen Oxyds, sowie durch etwa stattgefundene Okklusion des Wasserstoffs mattgrau erscheinen. Schon nach jener kurzen Dauer der Ladung ist der Strom der Zelle kräftig genug, um einen Wecker in Bewegung zu setzen. Er reicht sogar aus, verdünnte Schwefelsäure zu zerlegen. Fertigt man sich

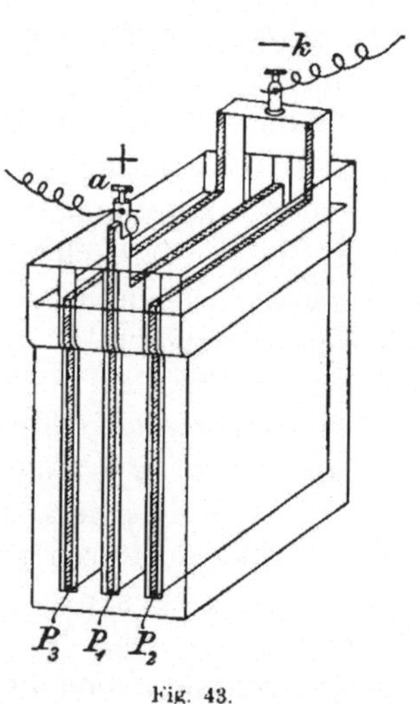

Fig. 43.

mindestens drei solcher Zellen (Fig. 43) an und ladet und entladet sie zu wiederholten Malen, so lässt sich zeigen, dass die Strommengen, die sie liefern, nach und nach wachsen. Die Gasmengen nämlich, welche sich beim Entladen im Wasservoltameter ergeben, oder die Anzahl der Minuten, innerhalb deren ein Glühlämpchen von etwa 5 Volt brennt, nehmen um so mehr zu, je öfter jene Ladung und Entladung vor sich gegangen ist.

Will man eine geringere Anzahl aus der Fabrik zu beziehender Akkumulatoren, deren Strom zum Experimentieren oder auch zu gewissen praktischen Zwecken dienen soll, laden, und steht hiezu weder der Strom einer Dynamomaschine, noch der von GÜLCHERschen Thermosäulen zur Verfügung, so sind als Stromquelle die in der Reichs-Telegraphie verwendeten „Kupferelemente" zu empfehlen. Dieselben sind nach dem Princip der MEIDINGERschen Elemente, wie Fig. 44 zeigt, konstruiert. Das Gefäss g von 1 Liter Inhalt enthält als Anode einen dickwandigen Zinkring Zn, der mittels dreier Zapfen auf dem Rande des Gefässes hängt. P ist eine als Kathode dienende Bleiplatte, in welche der Bleistab s eingegossen ist. Man füllt das Gefäss mit Wasser, löst darin ungefähr 20 g Zinksulfat auf und bringt auf den Boden etwa 100 g Kupfer-

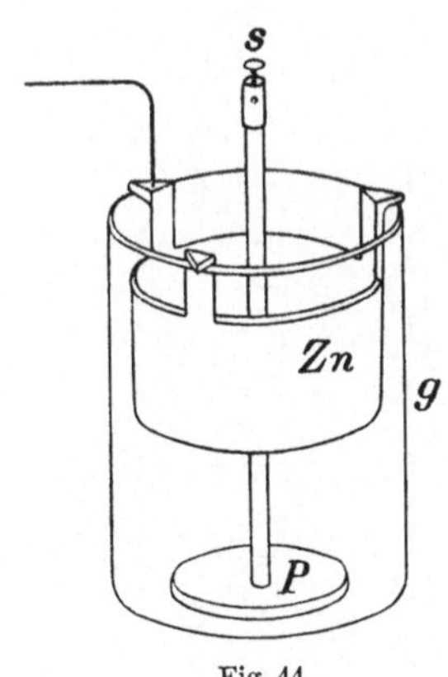

Fig. 44.

sulfatkrystalle. Die so vorgerichteten Zellen kombiniert man in entsprechender Weise zu einer Batterie, die man in einem Schrank ruhig stehen lässt, damit eine Mischung der Salzlösungen möglichst vermieden wird. Die elektromotorische Kraft eines derartigen Kupferelementes ist nach einigen Stunden 1 Volt, bleibt mehrere Wochen konstant und sinkt dann auf 0,95 Volt. Je nach der Koncentration der Lösungen beträgt der innere Widerstand 3 bis 8 Ohm. Ist daher die Stromstärke auch nur gering, so schwankt sie doch selbst im Verlauf mehrerer Monate nur innerhalb enger Grenzen, und man hat zur Bedienung der Elemente nur nötig, mehr oder weniger Kupfersulfat hinzuzufügen. Die Zinkringe halten längere Zeit aus. Mittels eines Umschalters schliesst man diese Batterie der Kupferelemente an die zu ladenden Akkumulatoren an, schaltet sie aus, wenn man mit letzteren arbeiten will, schaltet sie aber nach der Benutzung des Akkumulatorstroms sogleich wieder ein und ladet weiter.

Folgendes Beispiel möge erläutern, wie man etwa die Schaltung einer Ladungs- und einer Akkumulatorenbatterie vorzunehmen könnte. Es seien 8 Akkumulatorenzellen mit 36 Kupferelementen zu laden. Je 12 der letzteren schliesse man hintereinander zu einer Reihe und kombiniere die drei Reihen parallel. Die 8 Akkumulatoren ordne man zu je 4 hintereinander, verbinde beide Reihen parallel und lege die Pole der Ladungsbatterie an, wie es Fig. 45 zeigt.

Ist die elektromotorische Kraft eines Kupferelementes 1 Volt und sein innerer Widerstand 5 Ohm, und setzt man die elektromotorische Gegenkraft eines Akkumulators 2,2 Volt, so liefert die Ladungsbatterie, wenn man von dem Widerstand der Akkumulatoren absieht, einen Strom von der Stärke

$$i = \frac{12 - 2,2 \cdot 4}{12 \cdot 5 : 3} = 0,16 \text{ Ampère.}$$

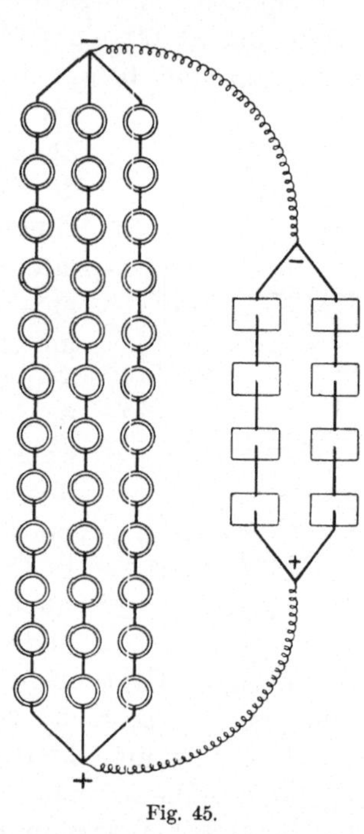

Fig. 45.

Wenn nun die Kapacität eines Akkumulators 40 Ampère-Stunden beträgt, so sind von der Ladungsbatterie 80 Ampère-Stunden zu leisten. Demnach wird die Akkumulatorenbatterie in $80/0,16 = 500$ Stunden geladen sein. Das Beispiel zeigt deutlich, dass die Akkumulatoren im wahren Sinne des Wortes Aufspeicherungsvorrichtungen sind. Denn langsam sammelt sich in ihnen die elektrische Energie an, lässt sich aber daraus beliebig wieder entnehmen, sowohl in geringen als auch in grösseren Quantitäten, die sich im vorliegenden Fall auf 72 Volt-Amp., wenigstens für kürzere Zeit, belaufen dürften. Da ferner 1 Amp. während einer Stunde 1,181 g Kupfer ausscheidet, also 4,651 g krystallisiertes Kupfersulfat und 1,213 g Zink verbraucht werden, so konsumiert die Ladungsbatterie während der Dauer der Ladung $3 \cdot 80/3 \cdot 12 \cdot 0,004651 = 4,5$ kg Kupfersulfat und 1,2 kg Zink.

Bedeutet allgemein

m die Zahl der Kupferelemente,

e deren elektromotorische Kraft,

w den inneren Widerstand eines derselben,

10*

> p die Zahl der hintereinander geschalteten Kupfer-
>   elemente,
>
> n die Zahl der Akkumulatorenzellen,
>
> π die elektromotorische Gegenkraft derselben,
>
> q die Zahl der hintereinander geschalteten Akkumu-
>   latorenzellen,

so wird, wenn der Widerstand der letzteren übersehen wird, die Akkumulatorenbatterie geladen mit einer Stromstärke

$$i = \frac{(ep - \pi q)\, m}{w\, p^2} \text{ Ampère.}$$

Nun habe eine Akkumulatorenzelle die Kapacität C Ampère-Stunden. Der ladende Strom muss mithin $C \cdot n/q$ Ampère-Stunden liefern. Bezeichnet also t die Stundenzahl der Ladungsdauer, so ist

$$it = C \cdot \frac{n}{q},$$

woraus sich

$$t = C \cdot \frac{n\, w}{m} \cdot \frac{p^2}{q(ep - \pi q)} \text{ Stunden}$$

ergiebt. Hieraus folgt weiter, dass, wenn C, n, w, m, e und π konstant bleiben, t ein Minimum wird, wenn

$$p = \frac{2\,\pi}{e} q$$

ist, und für diesen Fall ist

$$t = C\, \frac{n\, w}{m} \cdot \frac{4\,\pi}{e^2}.$$

Man muss mithin, um am schnellsten zu laden, derartig schalten, dass die Zahl der hintereinander geschalteten ladenden Elemente etwa das Viereinhalbfache der in einer Reihe hintereinandergeschalteten Akkumulatorenzellen beträgt.

In betreff des Nutzeffektes der Akkumulatoren sei bebemerkt, dass man einerseits die wiederzugewinnende Strommenge, die in Ampère-Stunden auszudrücken ist und von der Masse der wirksamen Substanzen des Bleis und des Superoxyds, „der aktiven Masse", abhängt, und andererseits die verfügbare,

nach Watt-Stunden zu berechnende Stromenergie zu unterscheiden hat.[1]) Erstere beträgt bei den besseren Typen 90 bis 96 $^0/_0$,
letztere nur 76 bis 86 $^0/_0$. Der Energieverlust von 14 bis 24 $^0/_0$
ist zum geringeren Teil durch den beim Laden stattfindenden
Übergang eines gewissen Quantums von Stromenergie in Wärme,
zum grösseren Teil dadurch bedingt, dass die von dem Ladungs-
strom zu überwindende elektromotorische Gegenkraft im Mittel
2,2 Volt beträgt, während die elektro-
motorische Kraft des geladenen Akkumulators durchschnittlich nur 1,95 Volt
ist. Folgendes Beispiel mag jene beiden
Grössen erläutern. Ein Akkumulator
werde in 18 Stunden bei der mittleren
Stromstärke von 2 Amp. und der mittleren Spannung von 2,2 Volt geladen
und in 8 Stunden bis zum Spannungs-
abfall mit 4,25 Amp. durchschnittlicher
Stromstärke bei 1,97 Volt durchschnittlicher Spannung entladen. Der Wieder-
gewinn an Ampère-Stunden beträgt dann

$$\frac{4,25 \cdot 8}{2 \cdot 18} \cdot 100 = 94,4 \,^0/_0$$

und an Watt-Stunden

$$\frac{1,97 \cdot 4,25 \cdot 8}{2,2 \cdot 2 \cdot 18} \cdot 100 = 84,5 \,^0/_0.$$

Sind nun aber auch die Akkumulatoren bei weitem konstanter und lei-
stungsfähiger als die Bunsenschen Ketten,
so nehmen sie doch im Verlaufe mehrerer Monate, in denen sie unbenutzt stehen,
an Wirksamkeit mehr oder weniger ab.

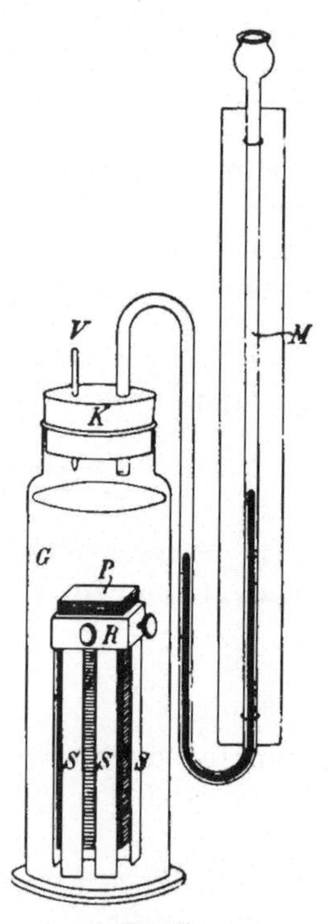

Fig. 46.

Das Blei wird nämlich von selbst, wenn auch langsam, unter
Wasserstoffentwickelung in Bleisulfat übergeführt. Noch

---

[1]) Hält man den Vergleich des elektrischen Stromes mit einer
Wasserleitung fest, so würden die Ampère-Stunden der ausfliessenden
Wassermasse, die Watt-Stunden dem Produkt dieser Wassermasse und der
Fallhöhe entsprechen.

schneller aber geht diese Selbstentladung vor sich, wenn fremde Metalle in den Akkumulator gelangen, z. B. durch eine unreine Schwefelsäure, durch die an den Polen angebrachten Klemmen etc. In wiefern die Anwesenheit von Kupfer im Akkumulator denselben gänzlich unbrauchbar machen kann, zeigt folgender Versuch. Ein 7 cm langes, 0,9 cm dickes und 2 cm breites Bleiprisma (aus der Bleiplatte eines Böseschen Akkumulators geschnitten) als Kathode ist mit einem dasselbe isoliert umschliessenden Platinblech als Anode in verdünnte Schwefelsäure zu bringen und mehrere Stunden elektrolytisch zu reducieren. Hierauf wird an dieses Prisma P (Fig. 46) ein Kupferrahmen R, mit welchem die sechs Kupferblechstreifen S vernietet sind, mittels Schrauben befestigt. Diese Vorrichtung wird in ein mit verdünnter Schwefelsäure (1 : 5) gefülltes Gefäss G gesenkt, dessen Pfropfen K das Manometerrohr M (Lumen 1,3 mm) und das Verschlussstäbchen V trägt. Sogleich entwickeln sich an den Kupferstreifen Wasserstoffbläschen. Die Flüssigkeit im Manometerrohr steigt in je 10 Minuten durchschnittlich 3 cm. Nach drei Stunden betrug das in einem Eudiometerrohr aufgefangene Gasvolumen 2,5 cm³.[1])

---

[1]) Wer sich über das Wesentliche der Akkumulatoren weiter orientieren will, sei verwiesen auf die Broschüre: *Die Akkumulatoren. Von Dr. Karl Elbs. Leipzig, Barth, 1893. 35 S. M. 1.—.*